纺织品质量控制及价格核算

张 萍 著

中国纺织出版社

内 容 提 要

本书结合质量控制理论和生产实际经验，总结出纺织品质量控制的因素和预防方法；书中详尽阐述原料方面、半成品方面和成品方面的质量控制因素、主要疵点的形成原因及解决方法；并介绍了纺织生产中有关产量、质量的基本计算，生产统计及影响纺织品价格的因素，产品价格的构成及核算方法。

本书具有较强的实用性，可作为纺织服装类、工商管理类等专业的教学参考书，也可供纺织企业的管理人员、从业人员学习使用。

图书在版编目（CIP）数据

纺织品质量控制及价格核算／张萍著．—北京：中国纺织出版社，2018.3（2022.3重印）
ISBN 978-7-5180-4803-8

Ⅰ．①纺… Ⅱ．①张… Ⅲ．①纺织品－质量控制②纺织品－价格－核算 Ⅳ．①TS101.9②F724.781

中国版本图书馆CIP数据核字（2018）第050070号

策划编辑：孔会云　　责任编辑：沈　靖
责任校对：王花妮　　责任印制：何　建

中国纺织出版社出版发行
地址：北京市朝阳区百子湾东里A407号楼　邮政编码：100124
销售电话：010—67004422　传真：010—87155801
http://www.c-textilep.com
E-mail:faxing@c-textilep.com
中国纺织出版社天猫旗舰店
官方微博 http://weibo.com/2119887771
北京虎彩文化传播有限公司印刷　各地新华书店经销
2018年3月第1版　2022年3月第3次印刷
开本：710×1000　1/16　印张：9.75
字数：173千字　定价：68.00元

前　言

质量是产品的生命。在目前科学技术日益发展的今天，对于纺织科学的研究和应用必须加以重视。在纺织高校人才培养时，普遍进行了专业基础课程和专业课程的系统学习，包括纺织材料学、纺纱学、机织学、织物组织学、纺织品设计、染整学等。然而，毕业生进入社会，在纺织企业中所担任的角色或承担的工作职责，不是单一独立的，它是知识的有机结合，是综合体，会涉及方方面面的问题，像技术问题、设备问题、产量问题、质量问题等，其中质量问题是主要问题而且较为复杂。所以，学习和了解影响质量的因素，掌握如何把控这些因素，对生产优质的产品十分重要。

本书分四章，第一章为纺织企业质量管理，介绍了纺织企业的基本知识；第二章为纺织品生产质量控制，分为原料的质量控制、半成品的质量控制、坯布的质量控制、生产计算和统计、设备的维修和安全生产等；第三章为常见织疵分析与措施，介绍了常见织疵的名称及形成原因；第四章为价格构成及核算。

本书由辽东学院张萍编写，张月做了辅助工作。由于编者水平、教学经验、专业范围有限，书中难免有疏漏，不妥之处希望广大读者给予批评指正。本书参考了纺织领域前辈的专著、教材等资料，在书后列出了一些主要的参考文献，在此对参考文献的作者和帮助本书编写出版的所有工作者表示感谢。

张　萍

2017 年 11 月

目　　录

第一章　纺织企业质量管理

纺织企业的质量管理是企业管理的中心环节。加强企业的质量管理工作，并推行全面质量管理，可以带动和促进企业的其他各项管理工作，如计划管理、技术管理、劳动管理和成本管理等。同时，加强企业的质量管理，可以有效地保证和提高产品质量。产品质量的提高，就意味着物资消耗的节约、产量的增加、劳动生产率的提高和产品成本的降低，从而更大限度地满足人民生活、对外贸易和发展生产力的需要，并为国家积累建设资金。因此，纺织企业应加强质量管理工作，推行全面质量管理，贯彻质量第一的方针，正确处理产品质量和节约的关系。

第一节　产品质量和质量检验

一、产品质量、工程质量和工作质量

（一）产品质量

产品质量是指产品能够满足人们的需要所具备的特性，如产品的形状、尺寸、物理性能和化学性能等。产品的特性不同，用途就不同，就可满足人们的不同需要，因此，可根据产品的特性满足人们需要的程度来判定产品质量的好坏。产品质量又是生产技术和管理水平的综合体现，因为企业要保证和提高产品质量，就要有先进的技术装备、熟练的操作技术和科学的管理方法。

产品质量应当以用户满意为目标。而用户对产品质量的要求一般是针对产品的性能（适用性、可靠性和经济性），如“耐穿耐用，经济实惠”就比较形象地说明了用户对产品的要求，因此，就把它叫做真正的产品质量特性。真正质量特性难以定量化，一般采用与真正质量特性相关的技术参变数来间接表示，这些技术参变数称为代用质量特性。代用质量特性的集中表现就是产品的真正质量特性。产品的真正质量特性与代用质量特性的关系如图1-1所示。

首先要解决的重要问题是，什么是产品的真正质量特性，否则就无法规定产品的代用质量特性。产品的真正质量特性确定的办法是向用户调查，可与用户一起做实验，从中找出产品的真正质量特性，并确定规定在什么水平上最合适。从而根据真正质量特性与代用质量特性的关系进行分析，确定把代用质量特性规定在什么水平上才能满足真正质量特性的要求——用户的要求。如果代用质量特性规定得低

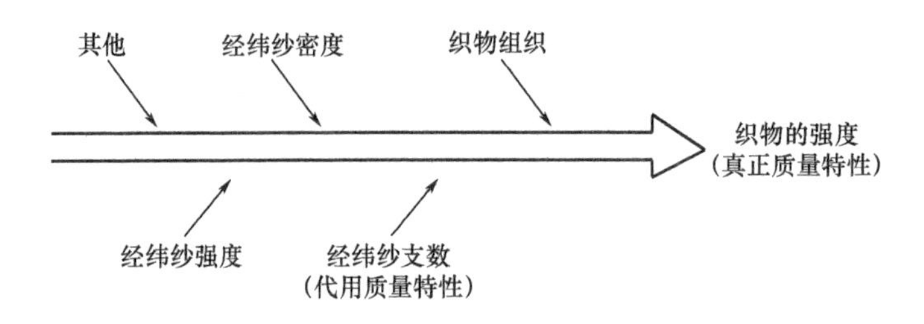

图 1-1　真正质量特性与代用质量特性的关系

了，就会给用户带来困难；代用质量特性规定得高了，就会造成质量过剩，给企业带来经济损失。

产品的性能只是产品本身所具有的特性，一般称为狭义的产品质量。尽管产品的性能很好，但是用户拿不到手或当用户需要的时候买不到，产品的使用价值就不能实现。因此，产品的全面质量应当包括产品性能、产品数量、产品成本和交货期。进行质量管理工作必须对产品的全面质量进行质量管理。

（二）工程质量

工程质量与产品质量是两个不同的概念，它们之间既有联系又有区别。产品质量一般是就产品的技术性能和使用性能而言的，是已经生产出来的产品质量，可看得见、摸得到、测得出。工程质量则是看不见、摸不到的东西，但它是客观存在的。

所谓工程是指服务于特定目标的各项工作的总体。这就是说，工程是一个总体概念，是由许多工作组成的，这些工作都是为了实现某项特定目标服务的。如果这个特定目标是产品设计，就叫设计工程，而如果这个特定目标是产品制造，就叫制造工程等。因此，工程质量是指服务于特定目标的各项工作的综合质量。工程质量是产品质量的保证。如果工程质量能够满足产品无坚不摧的要求，则工程质量就是好的，反之，此工程质量不好。

（三）工作质量

工作质量是指企业、部门和个人为了保证工程质量所进行的各项工作的水平和组织完善程度。工作质量是工程质量的保证，所以，工程质量取决于工作质量，而工作质量取决于职工的思想觉悟、工作水平和组织能力。

从产品质量、工程质量和工作质量的基本概念和它们之间的关系可以看出，纺织企业要保证产品质量，就必须保证工程质量；要保证工程质量，就必须保证工作质量；要保证工作质量，就必须做好职工的思想教育、生产福利和技术培训工作，以提高职工的思想觉悟、工作水平和组织能力。因此，进行质量管理工作，必须对产品质量、工程质量和工作质量进行质量管理，应当将管理的重点放在工程质量和工作质量的管理上。

二、生产过程

纺织产品生产过程是个广义的概念，它包括一系列的活动过程。其中包括市场调查、产品设计、生产准备、产品制造、检查试验和销售服务等各项活动过程，如图 1-2 所示，这些活动过程是一个有机整体。生产过程是不断循环的，其中检验工作贯彻始终。产品质量与生产过程的每个环节都有关系，在质量第一的基础上通过不断循环，产品质量就会不断改进和提高，从而更好地满足用户的需要。进行质量管理工作，必须对全部生产过程的每个环节的质量进行质量管理。

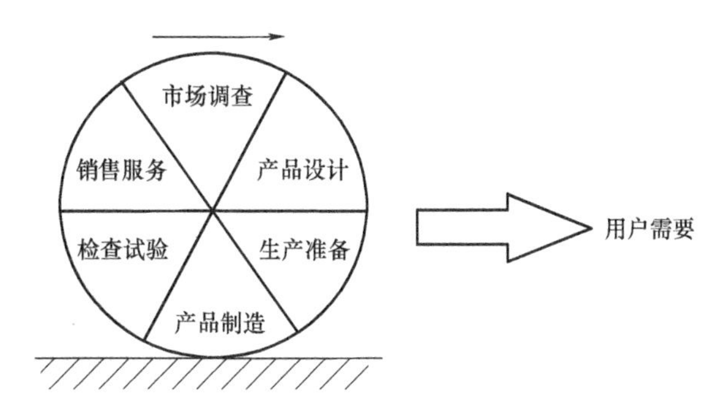

图 1-2　全部生产过程每个环节的质量管理

三、全面质量管理

（一）全面质量管理与通常的质量检验的区别

纺织企业应当推行全面质量管理，它是一种科学的质量管理方法。全面质量管理是指企业全体人员参加的对全部生产过程的全面质量进行质量管理。它与通常的质量检验有显著的不同，主要表现如下。

（1）它是以用户和下道工序满意为目标，而不是仅停留在满足国家标准上。这就要求质量管理工作更细致、更有针对性。

（2）它是在生产过程中保证产品质量，而不是单靠最后检查产品质量。把不合格的产品消灭在生产过程之中，是预防为主的质量管理。产品质量不是来自检查之后，而是得之于生产过程之中。因此，全面质量管理是要在生产过程中全面控制影响产品质量的各种因素，使它们处于正常和稳定的状态。

（3）它是以数理统计的方法为基本手段，一切以数据为依据，而不是估算。因此，企业要特别重视数据的积累，通过对数据的整理，定量地表示产品质量，并进一步对产品工艺和工程质量进行预测和控制。

（4）它要求企业全体人员参加质量管理，而不是靠少数专家来管理，使质量管理建立在广泛的群众基础上。因此，要对企业的全体人员进行质量管理的教育和培训。

（二）PDCA 循环工作法

全面质量管理中，普遍采用 PDCA 循环工作方法，并取得了显著的效果。它是把企业的质量管理工作分成四个阶段和八个步骤，并采用七种统计工具进行。见表 1-1。

表 1-1　质量管理 PDCA 循环四个阶段、八个步骤及应用的工具

阶　段	步　骤		应用的工具
P（计划）	1	分析现场 找出问题	分类法 调查表 排列图 直方图 控制图
	2	分析问题原因	因果分析图
	3	划出主要原因	排列图 相气图正交试验法
	4	研究措施 制订计划	要明确 5 个 W，1 个 H，即必要性（why）、做什么（what）、地点（where）、期限（when）、负责人（who）、方法（How）
D（实施）	5	执行措施计划	认真落实措施，严格执行计划
C（检查）	6	检查结果	排列图、直方图、控制图
A（处理）	7	总结经验	将成功的经验标准化、制度化，或修改各种工作标准或技术标准化，将生产的教训形成戒律
	8	提出问题	提出遗留问题，转入下一道工作环节

四、产品质量标准和检验

（一）产品质量标准

产品质量标准是指产品的质量特性应该达到的标准，它是衡量产品质量是否满足用户要求的尺度。产品的真正质量特性一般是难以直接测量的，同时，这种测量往往是破坏性的。因此，要对产品进行综合分析，确定某些技术参变数——代用质量特性，来间接地反映真正质量特性，这些规定的技术参变数就是产品质量标准。

产品质量标准又是客观要求与主观条件的统一表现。产品质量标准首先要满足

用户的要求，随着国民经济的发展和人民生活水平的提高，用户对产品质量的要求也越来越高，产品质量标准就要相应地改进。但是，质量标准的提高也要有限度，要考虑企业的质量生产能力、质量管理水平和技术经济政策。另外，纺织企业，还担负着为国家积累资金的任务，提高产品质量（设计质量）在一定程度上就意味着增加产品成本。纺织企业质量管理的根本目的就是要有一个适宜的质量和适宜的成本，以便使产品既能满足用户的使用要求，又能使企业的生产费用最小。因此，就需要对产品质量与使用价值的关系和产品质量与生产费用的关系进行综合分析，通过综合分析确定一个最适宜的质量目标，如图 1-3 所示。

从图 1-3 可以看出，提高产品质量，产品的使用价值就会增加。但产品质量的提高和使用价值不是成正比例的，初始阶段，产品质量稍一提高，其使用价值就会增加很多；但是，产品质量提高到一定程度后再提高，其使用价值增加甚小。这就是说，对产品质量的提高来说，产品的使用价值有一个饱和点，这时，如果再提高产品质量就是多余的，即质量过剩。再从产品质量与生产费用的关系来看，产品质量的提高就意味着生产费用的增加，如提高原料的等级、更新设备、改变工艺方法等。但如果生产费用增加到一定程度后，产品质量的提高并不明显，即生产费用也有一个饱和点，这时，如果再增加生产费用就是多余的。

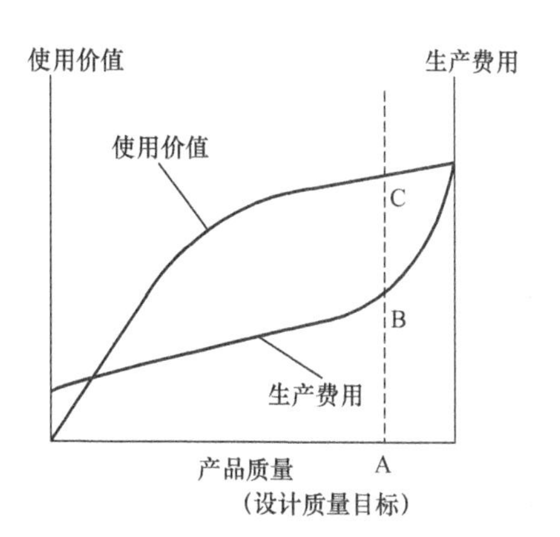

图 1-3　产品质量与使用价值生产费用的关系

通过上述两种关系的初步分析来确定一个最适宜的质量点——设计质量目标，如 A 点。A 点的质量既能满足用户的使用要求，又能使企业的生产费用最小。在实际生产中，有些企业往往忽视这种分析，因而出现产生质量过剩或盲目增加生产费用的现象，给企业带来经济损失。

产品质量标准的高低反映了生产力水平和人民生活水平的高低。不同的时期，由于生产力水平和人民生活水平不同，产品质量标准也就不同。纺织企业的产品质量有国家标准和企业标准。国家标准是根据市场（或用户）的需要以及纺织行业的平均质量生产能力制定的。它在一定时期内具有相对稳定性，同时，随着生产力的不断发展和人民生活水平的不断提高定期进行修改。纺织企业的产品质量必须符合国家规定的现行质量标准，这是最低要求，同时企业还应当根据用户的具体要求和企业的质量生产能力来制定企业标准。在企业质量标准中除了产成品质量标准以外，还必须制定原料质量标准、半成品质量标准、各种技术标准和工作标准，这些标准就是企业全体职工的工作准则，且是企业保证质量的根本。

（二）产品质量检验

1. 质量检验的目的

检验就是根据一定的标准来测量和评价原料、半成品和成品某种特性，检验的目的主要是评定产品是否符合标准。检验包括以下几方面。

（1）评定产品质量是否符合标准，以确定它们是否能被用户接受。

（2）判定工序是否在变化和变化的趋势是否有产生疵品的危险，找出产生变化的原因，进行工序控制。

（3）测量工艺能力，以判定工艺能力符合质量标准的程度。

2. 质量检验的分类

（1）全数检验。即对全部产品进行检验，以确定其中的合格产品和不合格产品，全数检验适用于对产品质量要求较高和产品价格较高的情况。由于全数检验多数是采用感官的方法，因此容易产生检验误差，且检验成本较高，一般在产品批量较小，或一批产品的不良率比所要求的不良率大得多，或从根本上使检验自动化的时候，采用全数检验才是有利的。

（2）抽样检验。即随机抽取一批产品的一部分（样品）进行检验后，用样品的质量来判断一批产品质量的工作质量的情况。当检验数量较大或进行破坏性检验时，多数采用抽样检验，一般在应该检验的特性较多或检验费用较高的情况下采取抽样检验是有利的。

（3）无检验。如果工程处于被管理的稳定状态，全部产品都在满意的水平上，就不需要进行检验，只需在必要的时候进行抽查。

根据产品的流程还可以进行以下分类。

（1）原材料检验。它是为了防止不符合标准的原材料进厂而进行的检验，如原材料质量验收等，这是进行质量保证的第一步。但是，这种检验不是被动的，必须对供货厂实行质量管理的监督，以加强供货厂的质量管理，提高供货厂的产品质量。

（2）半成品检验。这种检验的作用是决定工序之间的半成品是否符合质量标准（或决定半成品能否转入下工序）和该工序的状态（决定该工序是否继续生产）。这种检验是通过工人的自检、互检和专职人员检验来实现的。

（3）成品检验。成品检验决定最终成品是否符合质量标准，并确定实际质量与设计质量的差异，为工程分析提供资料。此检验是根据国家标准或企业标准进行的。

3. 棉纱、棉布的质量检验工作

（1）棉纱的质量检验工作。

①棉纱的等级。评定棉纱质量指标主要有品质指标和重量不匀率两个方面，分为上等、一等、二等。

品质指标用于表示棉纱强力的情况，其计算公式如下：

$$品质指标=\frac{标准状态时的缕纱强力(kgf)}{标准回潮率时的实际号数}\times 100\%$$

标准状态是指室内温度为（20±3）℃，相对湿度为65%±3%。如果试验条件不是在标准状态时，其试验结果应当进行修正。

$$修正强力=试验平均强力\times 强力修正系数$$

$$棉纱的实际号数=缕纱平均干重(克)\times 10.85$$

重量不匀率用于表示棉纱的长片段不匀的情况，其计算公式如下：

$$重量不匀率=\frac{2(平均重量-平均值以下的平均重量)\times 平均以下的次数}{平均重量\times 试验的总次数}\times 100\%$$

将以上试验结果与标准进行比较来确定品质指标和重量不匀率的品等，当两者的品等不同时，按其中较低的一项作为棉纱的品等。

在棉纱评等时，还要考虑重量偏差，如超过规定的范围时，则不合格，要在原评等的基础上顺降一等。同时，棉纱的捻系数也要符合国家标准中所规定的实际捻系数的范围。

重量偏差和捻系数的计算公式如下：

$$重量偏差=\frac{试样实际干重-试样设计干重}{试样设计干重}\times 100\%$$

重量偏差要进行月度累计按产量加权平均（如果开台数不变、产量稳定，也可以采用算术平均），全月生产在15批以上的品种应控制在月累计±0.5及以下。

$$捻系数=\sqrt{纱线线密度}\times 纱线的特数制捻度$$

②棉纱的品级。棉纱的品级是考核棉纱外观质量的，当棉结杂质和条干均匀度不同时，按其中最低的一项作为棉纱的品级。

棉结杂质的检验方法是把样纱按一定的密度均匀地摇在一定规格的黑板上，黑板的长度为250mm，宽度为220mm。每只试样摇一次，共摇成十块黑板。检验时将浅蓝色的底板插入板纱与黑板之间，然后用黑色压片压在试样上（图1-4），使每个空格能并列见到20根纱，对每个空格中的棉结杂质进行计数，翻转样板对反面的棉结杂质再计数，并计算出一块样板的棉结杂质的合计数。按上述方法，把十块黑板全部检查后，计算出十块黑板棉结杂质的总粒数，则：

$$1g\ 棉纱内的棉结杂质粒数=\frac{棉结杂质总粒数}{棉纱公称特数}$$

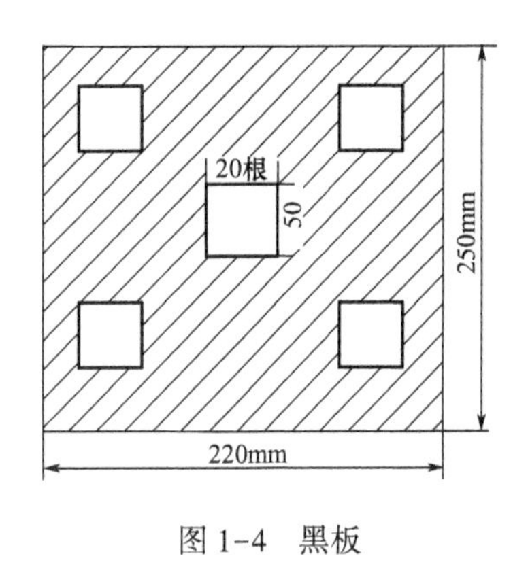

图 1-4　黑板

条干均匀度用于表示棉纱的短片段不匀情况，其检验方法是：将上述十块黑板在规定的灯光设备下与标准样照逐一对比，逐块评级。如优于或等于优级样照的评为优级；如有严重疵点，虽然条干均匀，但仍应降为二级。十块黑板试样评定完毕后，按 7 : 3 的比例评定棉纱条干均匀度的品级。如有七块一级板、三块二级板，则评为一级；如有六块一级板、四块二级板，则评为二级；如有严重规律性不匀，则整批纱要降为二级。

国家标准规定条干均匀度的优级批中不允许有二、三级板，一级批中不允许有三级板。

（2）棉布的质量检验工作。棉布的质量由物理指标、棉结杂质和布面疵点相结合按表 1-2 定等，分一等品、二等品、三等品和等外品，低于三等品者为等外品。

表 1-2　织物定等

定等 / 布面疵点的评等 / 物理指标、棉结杂质的评等	一等品	二等品	三等品	等外品
一等品	一等品	二等品	三等品	等外品
二等品	二等品	三等品	等外品	等外品

棉布的物理指标包括经纬纱密度、经纬向断裂强度。

①棉布断裂强度。在强度试验机上进行，每份样布经向采用 3~5 块布条，纬向采用 4 块布条，各以算术平均值作为结果。以上检验都是在标准状态下进行的，为了迅速完成断裂强度的检验，可采用快速试验方法。快速试验可在一般温度条件下进行，将实测结果根据测定强度时的实际回潮率加以修正。

②经纬纱密度检验。棉布的经纬纱密度一般采用密度计进行检验。至少每周一次，不是每批都进行检验，如遇降等时，立即进行逐批检验，直至连续三批不降等后方可恢复原定检验周期。在不能用密度计进行检验时，可用检验断裂强度的布条（未试验强度前）直接沿布条边缘点数被拉出的纱线根数。

③棉结杂质检验。棉布的棉结杂质是用疵点格率来表示的。把 15×15cm 的玻璃

板（玻璃板下面刻有225个小方格，每格的面积为1cm^2）罩在取样部位，点数疵点格，凡方格中有棉结杂质的为疵点格，每匹布在不同折幅、不同经向的布面上检验四处，最后将所有取样的疵点格相加，再与所有取样的总数相比，得出疵点格百分率。

例如，抽取10匹布，每匹检验4个部位，所有样布的总疵点格为2000个，则此批布的疵点格百分率为：

$$\frac{2000}{10\times4\times225}\times100\%=22\%$$

④布面疵点检验。布面疵点是逐匹检验评分，按匹评等。以40m为约定长度，以110cm以下为约定幅宽，其评分累计限度为：一等品不大于10分，二等品不大于20分，三等品不大于60分，超过60分的为等外品。对于不同长度、不同幅宽的布面疵点另有评分标准。

将以上检验结果与规定的质量标准作比较来确定棉布的品等，如遇各项物理指标、棉结杂质的品等不同时，按最低的一项品等作为该批棉布物理指标、棉结杂质的品等。

第二节　质量管理的内容

从全面质量管理的含义可知，质量管理的内容是十分丰富的，它主要包括以下几个方面。

一、贯彻质量第一的方针

纺织企业的生产要为用户着想，要教育全体职工以提高产品质量为目标。在实际工作中要处理好产量、质量和节约关系，既反对质量唯一不惜工本的思想，又反对只重视产量而不重视质量的思想。

纺织企业要贯彻质量第一的方针，必须做到以下几点。

（一）树立“下道工序是用户”的思想

企业对“用户”这个词应当从广义的概念上去理解，不仅买产品的单位和个人是用户，企业内部下道工序也是用户。在生产过程中，各个部门和人员之间的工作都有上下衔接的关系。企业所有人员都应明确自己的用户（服务对象）是谁，然后考虑如何更好地为其服务。

（二）树立“产品是制造出来的，不是检查出来的”的思想

产品质量是通过市场调查、产品设计规定下来的，然后通过制造把规定的质量

加以实现，即产品质量是通过设计来体现、通过制造而不是通过检验来实现的。因此，产品质量的大部分责任应该是制造，而不应该是检验。树立了“产品是制造出来的，不是检查出来的”的思想，就会自觉地把质量管理的重点从事后把关转移到事先控制上，从而能取得质量管理的主动权。

（三）树立“质量管理是每个职工的本职工作”的思想

产品质量与企业每个职工的工作有关系，从产品质量、工程质量和工作质量关系来看，产品质量是企业每个职工工作质量的最终表现。因此，必须树立“质量管理是企业每个职工的本职工作”的思想，使企业每个职工在各自的工作岗位上不断学习和运用质量管理的方法，以产品的全面质量为目标，以下道工序为用户，努力做好本职工作，这是产品质量的根本保证。

二、搞好工程质量管理

（一）设计工程质量管理

任何产品的生产都是从设计工作开始的，产品质量能否满足用户的要求，首先取决于设计质量的好坏，如果设计质量不好，它所造成的后患将是无穷的。

设计工作的主要任务是确定设计质量目标（图 1-3 中 A 点）、规定达成目标的方法和职工培训工作。

设计质量目标是由企业的经营方针决定的，而企业的经营方针建立在对客观情况（如市场情况和企业的生产条件等）充分了解的基础上。社会制度不同，企业的经营方针就有着本质的区别。资本主义企业生产的产品完全受资本家盈利大小的支配，社会主义企业则兼顾国家、企业和消费者的利益。

质量目标确定以后，还要规定实现这个目标的方法——工作的标准化，否则这个目标是很难实现的。工作标准化的中心思想是为了实现设计质量目标，就把与设计质量目标有关系的各项工作或工程都规定一定的标准。如果各项工作或工程实现了规定的标准，设计质量目标就能够实现，如技术标准、工艺标准、设备标准、原材料标准、生产环境标准、职责范围和操作规程等。

目标和方法是靠职工来实现的，如果职工对目标不明确或不能掌握实现目标的方法，这个目标仍不能实现，因此，还需要把这些标准规定的精神和具体做法对职工进行教育和培训。

（二）制造工程质量管理

产品质量能否达到设计质量的要求，主要取决于制造工程的质量，即在制造过程中是否实现了各项规定的质量标准。制造工程质量管理的重点是全面控制在制造过程中影响产品质量的各种因素，使它们处于规定的标准状态。

1. 原料质量管理

原料质量对产品质量有直接影响。因此，要保证制造工程的质量首先就要加强原料管理，保证供应的原料符合质量标准的要求，同时，还要严格掌握原料的性能，做到合理使用原料。加强原料管理通常采用的办法是在原料进厂时实行质量验收，凡是不符合质量标准的拒绝收货或要求赔款，但会给企业带来损失，如使生产脱节等。另一种方法是对供货厂实行质量管理的监察，帮助供货厂提高产品质量。

掌握原料性能的目的主要是根据产品质量的要求做到合理配棉，以达到提高产品质量、降低产品成本的目的。例如，纺制经纱时，由于经纱要求强力大，而外观可以稍差，则对纤维长度和细度要求较高，而可降低对原棉的含杂和色泽的要求；纺制纬纱时，由于纬纱较多浮在织物表面，则对原棉的要求是含杂少、色泽好，而可降低对纤维的长度和细度的要求。

2. 工艺质量管理

工艺质量管理是质量管理的重要环节，对产品质量有直接影响。工艺质量管理包括工艺程序的确定、工艺参变数的选择和严格工艺纪律。采用先进工艺，提高工艺过程的自动化程度，都可以提高产品质量。当工艺程序确定以后，根据产品质量的要求合理地选择工艺参变数是提高产品质量的重要方面。

3. 设备质量管理

纺织企业的机器设备是主要的生产手段，纺织产品的质量与设备的运转状态有着直接的关系。因此，加强设备的维修工作，使设备经常处于良好的运转状态是保证产品质量的重要方面。良好的运转状态是指设备要经常保持在工艺设计中所要求的运转状态。例如，根据产品质量的要求确定了原棉纤维的长度，又根据纤维长度进一步确定了牵伸罗拉的隔距，这个隔距就是工艺设计的要求，机器在运转中就要经常保持这个隔距不变；又如，根据布面质量的要求，织机在运转中就要保持后梁高度不变，其他还有罗拉弯曲程度、皮辊偏心程度、零部件磨损程度等都是工艺设计的要求，机器在运转过程中就要保持这种状态不变。

为了保持设备经常处于良好的运转状态，就要加强设备的维修工作。

4. 技术操作质量管理

纺织产品是工人共同劳动的结果，工人的技术操作水平和熟练程度对产品质量有直接影响。实践证明，如果工人没有掌握必要的操作技术或缺乏必要的基本功训练，即使采用了新设备、新技术，还是不能提高产品质量。因此，除了对职工进行质量第一的思想教育外，不断提高工人的技术操作水平和熟练程度是十分必要的。

5. 生产环境质量管理

生产环境是指生产现场状况。纺织企业的生产环境主要是指车间温湿度、清洁工作、光线和噪声等。生产环境的好坏对产品质量和工人身体健康有着密切的关系，在现代化纺织生产中，如无良好的生产环境将无法维持正常生产。

车间温湿度对纺织机械和纤维性能都有直接影响，从而影响产品质量。企业应根据原料种类、工艺特点、气候变化等条件合理控制车间温湿度，经常保持在规定的标准范围内。

（三）服务质量管理

纺织企业的服务质量管理在全面质量管理中也占相当重要的地位，在设计与制造过程中的许多质量问题，都与服务部门的服务质量有关系。

纺织企业的服务工作一般包括两个方面的内容。

1. 为生产服务

为生产服务主要是指企业内部的原材料供应和设备维修工作，它们都是为生产第一线服务的。如前所述，纺织企业的原材料供应工作，要保证供应的原材料符合规定的质量标准，这是供应部门的工作质量问题，此外，还应当做到供应及时、方便，领用手续简便、送货上门等，这是服务质量问题。设备维修工作，要像保证产品质量一样，保证维修的设备达到规定的质量标准，使设备经常处于良好的运转状态。同时，还要做到修理及时、迅速，并尽可能利用生产间歇时间进行维修。

企业内部还有许多服务部门，如职工食堂、医药卫生、托儿所等，这些部门的服务质量也都与产品质量有密切关系，都应当努力提高服务质量。

2. 为用户服务

生产的产品除保证合格出厂，还应当为用户着想，经常开展为用户服务的工作。如编制产品说明书，详细介绍产品性能、产品使用和保养方法；进行用户访问和调查，了解产品在使用过程中是否达到了设计质量的要求，用户对产品有什么意见和新的要求等，以不断改进和提高产品质量，更大限度地满足用户的需要。

三、搞好质量管理的基础性工作

纺织企业要实现全面质量管理，还必须做好质量管理的基础性工作，它是实现全面质量管理的重要条件。质量管理的基础性工作主要有职工的教育和培训、标准化工作、质量情报工作、计量工作和质量管理的责任制度等。

第三节　质量控制的统计方法

质量控制的统计方法，主要是应用数理统计的基本原理来揭示质量运动的规律，为企业的质量管理工作提供可靠的信息。企业质量管理人员根据这些信息采取必要的措施，以达到对产品质量进行控制的目的。

一、产品质量的波动性与质量控制中常用的特征参数

（一）产品质量的波动性

在生产过程中影响产品质量的因素是很多的，有工程方面的原因，也有工作方面的原因；有人的因素，也有物的因素。对这些因素不可以又完全控制在一个水平上，因此生产出来的产品质量不会完全一样，而是形成一定的分布。这就是说，产品质量具有波动性。

1. 偶然性因素

偶然性因素又称为随机因素，它是自然发生、自然消失的，但它是对产品质量波动经常起作用的因素。这种因素一般数目较多，但对产品质量的波动影响不大，而且在技术上不易消除，通常也不值得消除。如工人操作上的微小变化、机器的轻微震动等。

由偶然因素引起的产品质量的波动称为正常波动，或称随机误差。

2. 系统性因素

系统性因素是对产品质量波动不经常起作用的因素，这种因素一旦发生后就不会自行消失，并且对产品质量的波动影响较大，但这种因素在技术上是可以消除和避免的。如工人违反操作规程、机器过度磨损等。

由系统性因素引起的产品质量的波动称为非正常波动，或称条件误差。

以上两类因素的划分是相对的，随着科学技术的进步，偶然性因素也可能转变为系统性因素。

（二）质量控制中常用的特征数

由于产品质量具有波动性，所以通过随机取样获得的质量数据不会完全一样。为了对产品质量进行分析和判断，就需要用一定的特征数来表示产品质量。

1. 集中性特征数

集中性特征数表示产品质量集中的位置或质量水平，如算术平均数、中位数和众数等。在质量控制中常用的集中性特征数是算术平均数。其计算公式如下。

（1）不分组时：

$$\bar{X}=\frac{\sum X}{n}\text{或}\ \bar{X}=\frac{\sum Xf}{\sum f}$$

式中：$\bar{X}$——算术平均数；

X——随机变量；

f——频数；

n，$\sum f$——总频数。

（2）分组时：

$$\bar{X}=X_0+cu$$

式中：X_0——基数（一般取频数最大的一组变量值）；

c——组距；

u——随机变量距基数的组距数。

由上式可得：

$$u=\frac{\bar{X}-X_0}{c}$$

u 的平均值 $\bar{u}$ 为：

$$\bar{u}=\frac{\sum uf}{\sum f}$$

2. 离散性特征数

离散性特征数表示产品质量离散程度的大小，在质量控制中常用的离散性特征数有极差与均方差。

（1）极差（R）：极差表示产品质量的波动范围，其计算公式如下：

$$R=X_{max}-X_{min}$$

式中：X_{max}——随机变量的极大值；

X_{min}——随机变量的极小值。

（2）均方差（σ）：均方差表示一批数据的离散程度，其计算公式如下：

不分组时：

$$\sigma=\sqrt{\frac{\sum(X-\bar{X})^2}{n}}$$

或

$$\sigma=\sqrt{\frac{\sum(X-\bar{X})^2}{\sum f}}=\sqrt{\frac{\sum X^2}{\sum f}-\bar{X}^2}$$

分组时：

$$\sigma=\sqrt{\frac{\sum u^2 f}{\sum f}-\bar{u}}$$

在质量管理中，为了全面反映产品质量的分布情况，必须同时使用算术平均数，而不能只说明离散情况，极差只能说明产品质量的波动范围，而且不能说明其他各个数据的离散情况。

二、质量控制的基本方法

（一）直方图

直方图又称频数分布图，它是进行质量控制的既简便又有效的方法。

1. 直方图的用途

（1）直观地分析质量数据集中和离散的情况。

（2）直观地看出各组数据所占的比重。

（3）直观地判断工程质量是否满足质量标准的要求。

例：经测试获得浆轴回潮率的数据见表1-3。

表1-3　浆轴回潮率（%）

序号	浆轴回潮率	序号	浆轴回潮率	序号	浆轴回潮率	序号	浆轴回潮率	序号	浆轴回潮率
1	6.6	11	6.2	21	6.4	31	6.2	41	6.5
2	6.4	12	6.4	22	6.4	32	6.4	42	6.5
3	6.5	13	6.5	23	6.3	33	6.6	43	6.4
4	6.6	14	6.5	24	6.1	34	6.3	44	6.3
5	6.4	15	6.5	25	6.4	35	6.3	45	6.2
6	6.4	16	6.5	26	6.7	36	6.4	46	6.3
7	6.4	17	6.4	27	6.4	37	6.5	47	6.3
8	6.5	18	6.4	28	6.4	38	6.4	48	6.4
9	6.5	19	6.3	29	6.3	39	6.5	49	6.4
10	6.3	20	6.4	30	6.1	40	6.4	50	6.3

根据以上数据绘制出直方图，如图1-5所示。

从浆轴回潮率直方图可以直观地看出：质量集中情况较好，在靠近平均数6.25~6.5范围内的频数比重占82%，但集中的位置偏离标准中心（下偏），并且距标准下限太近，而距标准上限太远。因此，需要采取措施提高平均数，使其处于标准中心的位置。另外，全部数据都在标准上下限范围以内，说明工程质量能够满足质量标准的要求，在正常的情况下不采取措施也不会产生疵品。

2. 直方图的使用与分析

直方图做好后，要检定其分布情况及与标准的差异情况。

（1）看分布形态。直方图一般可分为正常型直方图和异常型直方图两种。正常型直方图的特点是图形呈左右对称的山峰形状，如图1-6所示。异常型直方图情况较多，是注意的重点。异常型直方图的特点是图形左右不对称的山峰形状。

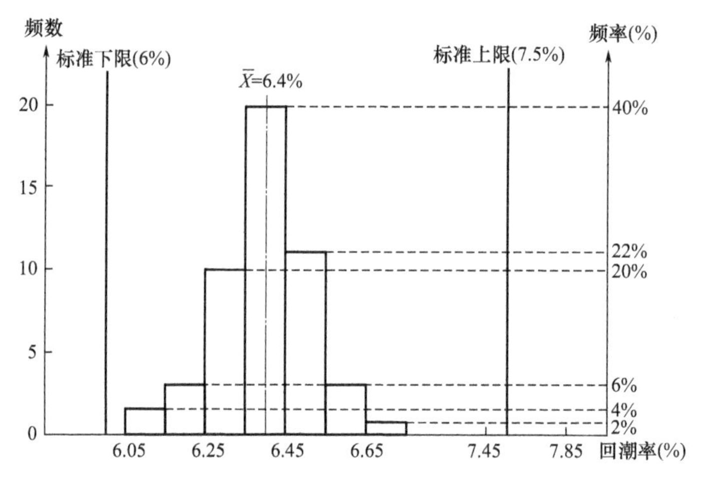

图 1-5　浆轴回潮率直方图

（2）将实际分布情况与标准进行比较，判断工程质量是否正常。正常情况是分布图形左右对称，并且图形与标准上下限之间有一定余量，如图 1-7 所示。

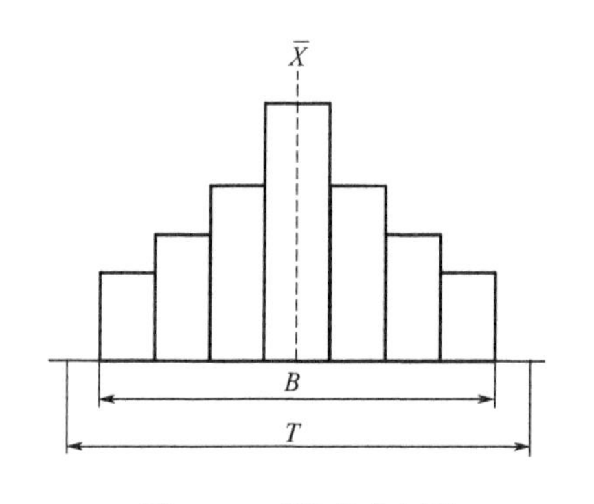

图 1-6　正常型直方图

B—产品范围（实际质量差异范围）

T—标准界限（设计标准范围）

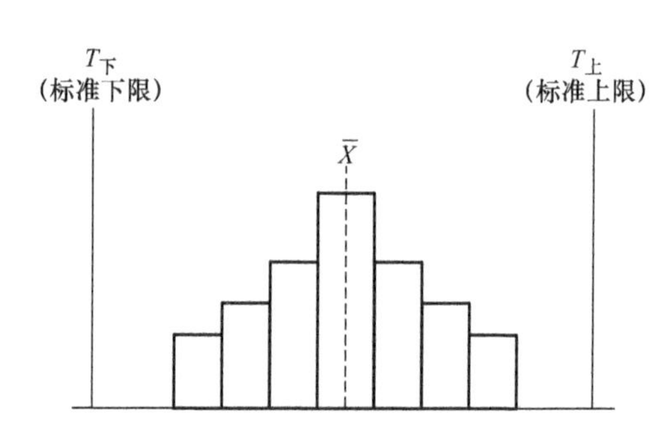

图 1-7　正常情况下的直方图

非正常情况有以下几种。

①图形分布与标准上下限之间余量太大或太小，如图 1-8 所示。

②图形分布与标准上下限之间没有余量，或超出标准上下限，如图 1-9 所示。

③图形分布偏离标准中心，如图 1-10 所示。

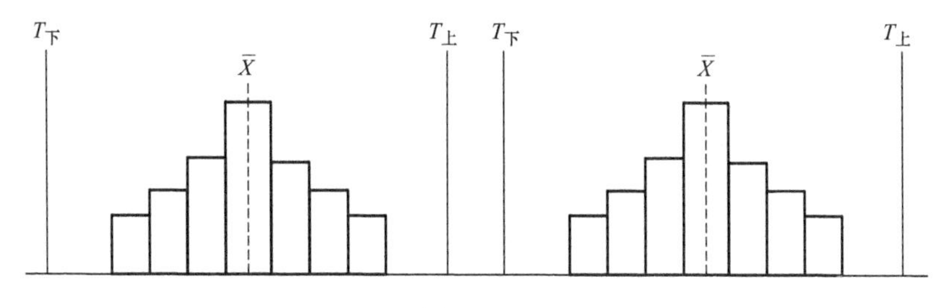

图 1-8　非正常情况下的直方图（一）

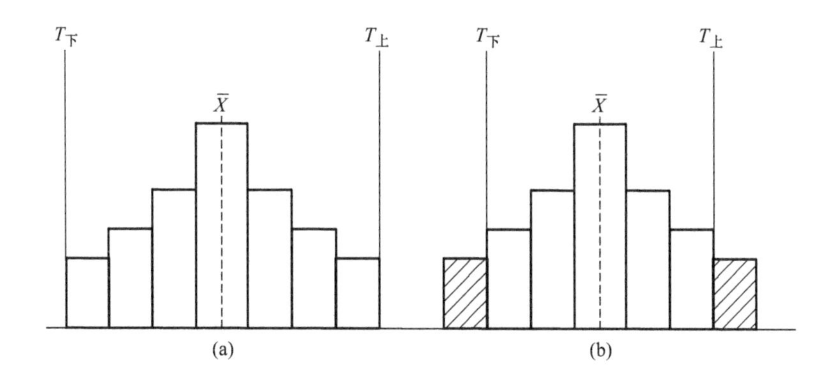

图 1-9　非正常情况下的直方图（二）

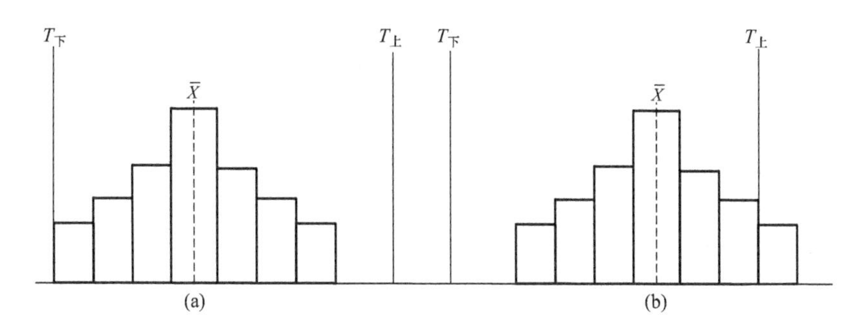

图 1-10　非正常情况下的直方图（三）

（二）控制图

控制图是企业进行质量控制的重要手段，企业质量管理人员根据控制图所提供的信息来判断工程质量的状态，并及时采取相应的措施，达到事先控制的目的。

1. 控制图的基本原理

控制图的基本原理是正态分布理论。正态分布曲线（图 1-11）具有以下特点。

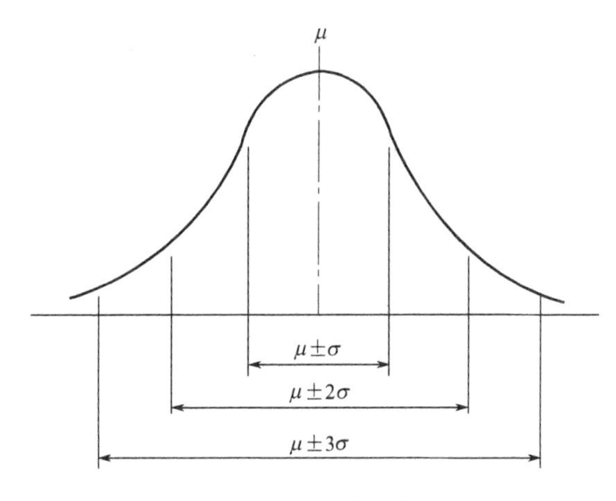

图 1-11　正态分布曲线

（1）以平均值μ为轴左右对称，当$X=\mu$时为曲线的最高点。

（2）正态分布曲线的位置由平均值μ来决定，其形状由均方差σ来决定。

（3）正态分布曲线与横坐标所围成的面积为100%。曲线与$\mu\pm\sigma$所围成的面积为68.25%；曲线与$\mu\pm2\sigma$所围成的面积为95.45%；曲线与$\mu\pm3\sigma$所围成的面积为99.73%；曲线与$\mu\pm4\sigma$所围成的面积为99.99%。

这就是说，越靠近平均值，数据出现的概率越大，越远离平均值，数据出现的概率越小。在距$\mu\pm3\sigma$以外，数据出现的概率只有0.27%。根据正态分布的这个特点，在总体中抽取有限个试验数据时，有数据落在$\mu\pm3\sigma$以外的可能性极小，就可以认为此事件是不可能发生的。这样进行判断的准确性是99.73%，判断的错误性只有0.27%（近似0.3%），这种判断方法叫作千分之三法则。

2. 控制图的种类和基本格式

（1）控制图的种类。控制图的种类有多种，但基本上可分为计量控制图和计数控制图两大类，每一类又可分为许多种。

①计量控制图。如单值（单个值）控制图（X图），平均值与极差控制图（$\bar{X}$—R图），中位数与极差控制图（$\tilde{X}$—R图）等。

②计数控制图。如不合格品数控制图（P—n图），不合格品率控制图（P图），缺陷数控制图（C图），单位长度（或面积）缺陷数控制图（U图）等。

以上各种控制图都具有其自己的用途。控制的指标不同，采用的控制图也不同，应视需要而定。

（2）控制图的基本格式。控制图的基本格式如图1-12所示，横坐标表示试验顺序（号码）或取样时间，纵坐标表示产品质量特性。在图中画有一条中心线，再分别画出上下质量控制界限和上下质量标准界限。

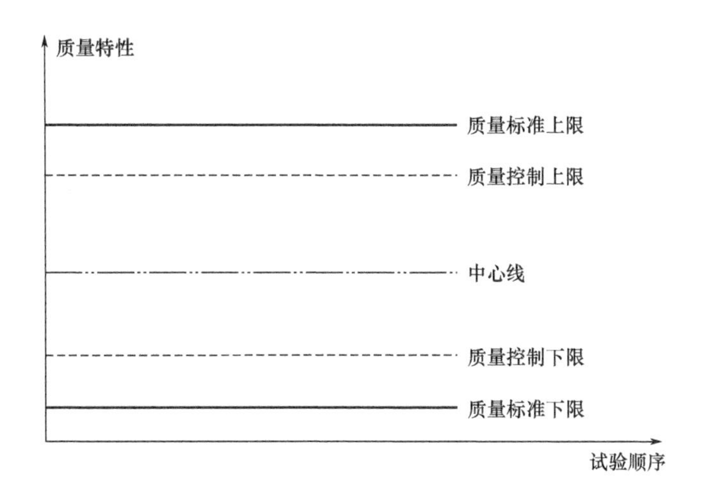

图 1-12　控制图的基本格式

3. 控制图的作图步骤

（1）收集数据。收集数据要在生产正常的情况下进行，在收集数据时要详细记录数据的历史，以便于后续对数据进行分析。

（2）整理数据。一般按加工时间或取样时间先后顺序将数据进行排列。

（3）计算特征数。根据控制图的需要计算有关特征数。

（4）确定中心线和上下质量控制界限。

（5）画图。

（6）验证。将试验数据标在图上，如果全部数据都在上下质量控制界限范围内，这个控制图就可以应用。如果有数据点超出上下质量控制界限，就把该数据去掉，重新取样，去掉几个数据补充几个数据。再重复步骤（3）~（6），直至全部数据都在质量控制界限范围内为止。

4. 几种常用的控制图

（1）单值控制图（X 图）。单值控制图所取的数据是所有被测量的样品的单个值。采用单值控制图时，不用对数据进行分组，不必计算组中值，所以比较简便，可以及时发现产生质量缺陷的原因。其缺点是由于某种偶然因素出现了异常的单值，可能使数据点超出质量控制界限，如果根据这种偶然情况就断定生产过程已经失调，发出警报，采取某项措施，反而会出现相反的情况。为了避免这种偶然情况的出现，可将 X 图同 X—R 图一起使用。单值控制图的作图步骤如下。

①收集数据。例如，清花间每只棉卷重量（kg）数据，见表 1-4。

表 1-4　棉卷重量数据　　单位：kg

14.8	14.9	15.1	15.3	14.9	14.9	15.0	15.0	14.9	15.0
14.8	14.7	14.9	14.9	15.1	15.1	14.9	15.0	15.1	15.1
14.9	14.9	15.0	15.1	14.9	15.0	15.0	15.1	14.9	15.1
15.0	15.0	15.1	15.0	15.1	15.0	14.9	15.2	14.9	15.1
15.0	15.1	15.0	15.2	15.1	14.9	15.0	15.0	15.0	14.9

②计算中心线。

$$\bar{X}=\frac{14.8+14.9+\cdots+14.9}{50}=15.0$$

③计算均方差。

$$\sigma=\sqrt{\frac{(14.8-15.0)^2+(14.9-15.0)^2+\cdots+(14.9-15.0)^2}{50}}=0.114$$

④计算质量控制界限。根据纺织生产的实际情况，取 $\bar{X}\pm2\sigma$ 作为控制界限。

质量控制上限 $=\bar{X}+2\sigma=15.0+2\times0.114=15.23$

质量控制下限 $=\bar{X}-2\sigma=15-2\times0.114=14.77$

⑤画图。

⑥验证。因全部数据都在上下质量控制界限范围内，所以该控制图（图 1-13）可以在生产中使用。

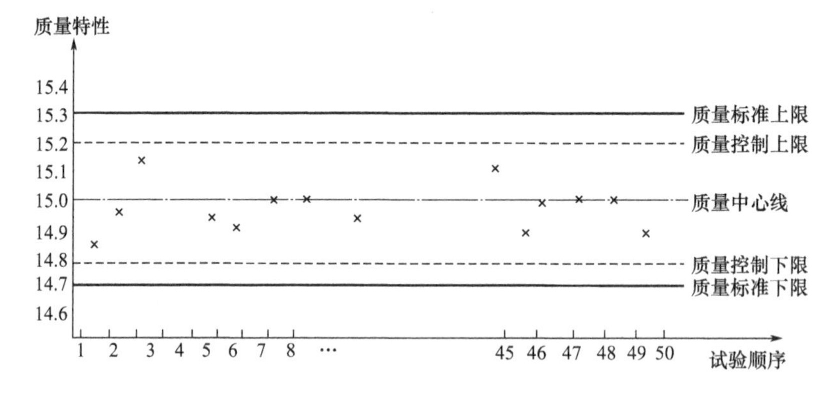

图 1-13　单值控制图

（2）平均值与极差控制图（$\bar{X}$—R 图）。$\bar{X}$—R 图是一种经常使用且理论根据十分充分的控制图。适用于产品批量较大、较稳定的生产过程。

$\bar{X}$—R 图的特点是把 $\bar{X}$ 图和 R 图画在同一张图上，一方面可以控制平均数 $\bar{X}$ 值；另一方面可以控制极差 R 值。根据 $\bar{X}$—R 图所提供的信息进行工艺技术的分析和工程能力的研究。$\bar{X}$—R 图的做法如下。

①收集数据。例如，五台并条机生产同一品种条子数据（g/5m），见表 1-5。

表 1-5　条子重量数据　　单位：g/5m

x_1	20.02	19.87	20.08	19.88	19.94	20.00	19.95	20.13	20.06	20.05
x_2	19.94	19.90	20.07	20.02	20.05	19.94	19.96	20.10	20.10	20.08
x_3	20.11	20.10	19.85	20.10	20.06	19.89	20.07	20.0	20.03	20.10
x_4	20.10	20.00	20.09	19.94	19.88	20.04	20.08	19.95	19.98	19.90
x_5	20.00	19.93	19.92	19.96	19.90	20.12	19.88	19.94	19.96	20.00
$\bar{x}$	20.03	19.96	20.00	20.00	19.98	20.00	19.99	20.02	20.02	20.03
R	0.17	0.23	0.24	0.16	0.18	0.23	0.20	0.19	0.14	0.20
x_1	20.02	19.88	19.89	20.10	20.10	19.95	19.98	19.98	19.98	20.00
x_2	20.02	20.04	20.10	19.98	19.96	20.08	20.04	20.07	19.94	20.03
x_3	20.13	20.06	20.01	19.94	20.07	20.06	20.00	20.03	20.10	19.95
x_4	19.89	19.96	20.07	20.08	19.89	20.12	20.06	19.94	20.12	19.84
x_5	19.95	19.91	19.95	19.97	20.01	19.88	19.94	19.95	19.80	20.07
$\bar{x}$	20.00	20.03	20.00	20.01	20.01	20.02	20.00	20.01	19.99	20.00
R	0.24	0.18	0.21	0.22	0.21	0.24	0.16	0.13	0.32	0.26

②计算各组平均值 $\bar{X}$ 及 $\bar{X}$ 的平均值 $\bar{\bar{X}}$。

$$\bar{\bar{X}} = \frac{20.03 + 19.96 + \cdots + 20.00}{20} = 20.01$$

③计算各组极差 R 及 R 的平均值 $\bar{R}$。

$$\bar{R} = \frac{0.17 + 0.23 + \cdots + 0.26}{20} = 0.21$$

④确定中心线。$\bar{X}$ 图中心线 $\bar{\bar{X}} = 20.01$，R 图中心线 $\bar{R} = 0.21$。

⑤计算质量控制界限。$\bar{X}$—R 图质量控制界限的计算方法，可以采用 3σ 的计算方法，也可以用系数法计算，用系数法计算比较简便，不必计算均方差，在 n（组内数据）确定的情况下，可查 $\bar{X}$—R 图系数表（表 1-6）得各系数值。

表 1-6 $\bar{X}$—R 图系数表

分组大小 n	A_2	D_3	D_4	分组大小 n	A_2	D_3	D_4
2	1.88	0	3.27	12	0.28	0.28	1.72
3	1.02	0	2.57	13	0.27	0.31	1.69
4	0.73	0	2.28	14	0.24	0.33	1.67
5	0.58	0	2.11	15	0.22	0.35	1.65
6	0.48	0	2.00	16	0.21	0.36	1.64
7	0.42	0.08	1.92	17	0.20	0.38	1.62
8	0.37	0.14	1.86	18	0.19	0.39	1.61
9	0.34	0.18	1.82	19	0.19	0.40	1.60
10	0.31	0.22	1.78	20	0.18	0.41	1.59
11	0.29	0.26	1.74				

已知：$n=5$，查表得 $A_2=0.58$，$D_3=0$，$D_4=2.11$。

$\bar{X}$ 图质量控制上限$=\bar{X}+A_2\bar{R}=20.01+0.58\times0.21=20.13$

质量控制下限$=\bar{X}-A_2\bar{R}=20.01-0.58\times0.21=19.89$

R 图质量控制上限$=D_4\bar{R}=2.11\times0.21=0.44$

质量控制下限$=D_3\bar{R}=0$

⑥画图（图 1-14）。

（3）不合格品数控制图（P—n 图）。P—n 图属于计算型控制图，当子样容量固定不变时，可使用该图。

不合格品数为：　　$P_n=n\cdot P$

平均不合格品数为：

$$\bar{P}_n=n\cdot\bar{P}$$

式中：n——子样容量；

P——不合格品率。

$$平均不合格率=\frac{不合格品总件数}{检查总件数}\times100\%$$

P—n 图的中心线$=P_n$，质量控制界限$=\bar{P}_n\pm3\sqrt{P_n(1-P)}$。

（4）不合格品率控制图（P 图）。当子样容量不固定时可使用 P 图。P 图的中心线为平均不合格品率 $\bar{P}$，则：

$$质量控制界限=\bar{P}_n\pm3\sqrt{\frac{\bar{P}(1-\bar{P})}{n}}$$

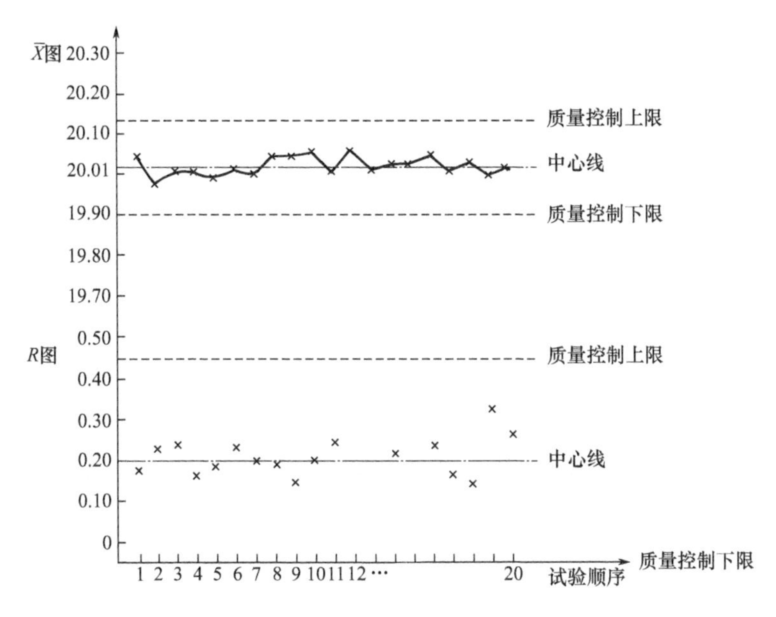

图 1-14　条子重量 $\bar{X}$—R 控制图

由于子样容量是不固定的，所以 P 图的质量控制界限随着 n 的大小而变化。一般地说，如果子样平均值与实际子样相差在±范围内，就可以用子样平均值表示实际子样。这样，控制界限也就是一个固定值。

（5）缺陷数控制图（C 图）。C 图也是属于计数型控制图，如棉结杂质、织疵等可使用 C 图。

$$C\text{ 图的中心线} = \bar{C} = \frac{C_1 + C_2 + \cdots + C_n}{n}$$

$$\text{控制界限} = \bar{C} \pm 3\sqrt{\bar{C}}$$

以上介绍的是几种主要控制图的做法。控制图的主要用途是判断工程质量是否稳定，而不是判断产品质量是否合格。判断产品质量是否合格用质量标准或规格，这两者是不同的。另外，控制图只能反映异常情况，不能反映造成异常情况的原因。

5. 控制图的分析

一般说来，控制图上的点子能反映出工程质量的稳定程度，但是，有的控制图的点子分布反映得比较明显，而有些则不明显。为了判断工程质量是否处于稳定状态，需要制订一定的判断规则。一般控制图的判断规则如下。

（1）点子不越出质量控制界限。

（2）点子排列正常。如 30 个数据有下列缺陷，也判断有异常变化。

①点子在中心线一侧连续出现七次以上。

②连续七个点子上升或下降。

③点子在中心线一侧多次出现。

④点子发生周期性变动。

6. 控制图的注意事项

（1）在收集数据时要在生产正常的情况下进行，并注意详细记录数据的历史。做好控制图以后要进行验证。

（2）当原料、设备等生产条件有变化时要重新绘制控制图。

（3）验证所控制的质量指标是否遵循正态分布。可采用正态概率纸法、偏度峰度法等进行验证。

（4）在确定质量控制界限时要考虑由于统计判断的两类错误所造成的损失，并把它们减少到最低限度。

（5）控制图一般适用于生产过程相对稳定的大量生产或成批生产，对于多品种的小批量生产适用性较差。

（三）相关与回归分析

在生产过程中，许多现象是互相联系、互相制约的，如果现象 A 是现象 B 的原因，则现象 B 就是现象 A 的结果。A 和 B 的这种关系叫因果关系。如果不考虑原因和结果的区别，只从现象 A 与现象 B 之间有关系而言，这种关系就叫相关关系。

在质量管理中研究两个质量特性之间的关系时，当测定值 x_i 增大时，y_i 值的平均值也增大，x_i 减小时，y_i 值的平均值也减小，那么，x 和 y 之间存在相关关系。如果 x 和 y 之间存在函数关系，而这种函数关系又是不确定的，那么，x 和 y 之间存在回归关系，这个函数叫回归函数或回归。

1. 相关分析

相关分析是对变量之间的相关关系进行分析，其目的是找出变量之间的相关程度和相关类型。相关分析的主要方法如下。

（1）相关图法。通过相关图（图 1-15）可以直观地判断变量之间是否存在相关关系以及相关程度是否密切。同时，还可看出变量之间的相关关系属何种类型的相关。

当一个变量随着另一个变量增加而减少时，为负相关［图 1-15（c）］；反之，为正相关［图 1-15（b）］。当一个变量随着另一个变量的增加而增加，在到一定程度时又随着另一变量的增加而减小时，称为正负相关［图 1-15（d）］。

（2）相关系数法。为了定量地分析变量之间的相关程度，通常采用相关系数

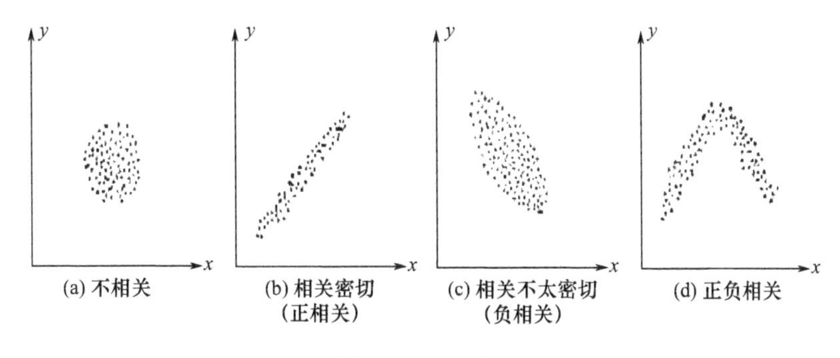

图 1-15　相关图

法。其计算公式如下：

$$r=\frac{\sum(x-\bar{x})(y-\bar{y})}{\sqrt{\sum(x-\bar{x})^2\sum(y-\bar{y})^2}}$$

式中：r——相关系数。

可以证明，相关系数 r 的范围是 $-1\leqslant r\leqslant 1$。

当 $|r|>0.5$ 时，则变量之间的相关程度比较密切，$|r|$ 越接近 1，则相关程度越密切；当 r 值为正数时，则变量之间的相关关系为正相关，当 r 值为负数时为负相关。当 r 值为零时则变量之间是不相关或正负相关。

2. 回归分析

回归分析是对变量之间不确定的函数关系进行分析，以便用一个变量来说明另一个变量。如果两个变量之间存在线性函数关系，可用下列直线方程式来表示：

$$y=a+bx$$

该直线方程式为 y 对 x 的回归方程式。为了使回归直线能够比较准确地反映实际情况，就需要合理地确定 a 和 b，其计算公式如下：

$$a=\bar{y}-b\bar{x}$$

$$b=\frac{\sum(x-\bar{x})(y-\bar{y})}{\sum(x-\bar{x})^2}$$

$$b=\frac{\sum xy-n\bar{X}\bar{Y}}{\sum x^2-n\bar{x}^2}$$

因为回归直线能够比较准确地反映实际情况，可以应用回归直线方程式对产品质量和工程质量进行预测和控制。

例如，经测试获得梳棉机道夫速度与生条棉结杂质的数据如下。

道夫速度（x）	18	21	24	27	30	33
棉结杂质（y）	30.4	34.7	35.5	36.5	37.5	39.4

求棉结杂质对道夫速度的回归方程式：

首先计算 $\bar{x}$ 和 $\bar{y}$ ：

$$\bar{x}=\frac{\sum x}{n}=\frac{18+21+\cdots+33}{6}=25.5$$

$$\bar{y}=\frac{\sum y}{n}=\frac{30.4+34.7+\cdots+39.4}{6}=35.7$$

然后计算 a 和 b：

$$b=\frac{\sum(x-\bar{x})(y-\bar{y})}{\sum(x-x)^2}$$

$$=\frac{(18-25.5)(30.4-35.5)+(21-25.5)(34.7-35.5)+\cdots+(33-25.5)(39.4-35.5)}{(18-25.5)^2+(21-2.55)^2+\cdots+(33-25.5)^2}$$

$$=0.51$$

$$a=\bar{y}-b\bar{x}=35.5-0.51\times25.5=22.49$$

把 a 和 b 代入回归方程式，得到棉结杂质对道夫速度的回归方程式为：

$$y=a+bx=22.49+0.51x$$

根据这个方程式，在给定道夫速度的情况下，可求出相应的棉结杂质粒数，这为预测和控制棉结杂质提供了理论根据。

回归方程式的应用范围一般应在试验数据范围内（本例中适用于道夫速度在18～33r/min）。如需扩大应用范围，要有理论根据。另外，回归方程式的应用只能由给定 x 值求相应的 y 值，而不能由 y 值求 x 值。

第二章　纺织品生产质量控制

第一节　原料的质量控制

一、纤维的检验及其鉴别

（一）原棉检验的内容

原棉检验的内容主要是：检验棉纤维的断裂强度，对棉纱强力做到心中有数，以便合理调整工艺设计的参变数，从而适应原棉性状；对原棉含杂、含水的检验，以减少各种原棉混和的含杂、含水差异，使配棉质量稳定。

检验的方式，一般实行三段检验制，就是磅前检验、仪器检验和逐包检验。磅前检验是先采用手感检验方式，得出初步资料，在原有分级的基础上提高一步，得出细度、强力、成熟度、整齐度等数字。若发现一批中差异较大，就分批处理，差异小的合并为一批，可以避免不同性状原棉混杂堆桩，不致造成后续检验及混用时发生困难。在仪器检验中，是利用仪器找出品质鉴定的标准依据。在逐包检验中，主要是掌握原棉含杂、长度、色泽等的差异，掌握原棉性能。

还可以进行快速试纺，在原棉未投入混用前，通过测算或试纺程序预先掌握和控制原棉性状。对于棉结杂质与强力方面可通过试纺迅速了解成纱后的具体情况。一般采取试纺到细纱为止，也有到梳棉为止。试纺分单唛试纺和成分试纺两种。快速试纺能较正确地掌握原棉性状，并预见性地有效控制成纱质量。

以上检验方法体现了手感、仪器、试纺三结合，全面掌握原棉性能，保证成纱质量不断提高，满足稳定生产的必要条件。三结合的方法是从各方面的因素来决定原棉使用价值，可以减少误差，相互参证，得出比较全面的数据，充分掌握原棉性能，从而达到控制成纱品质及保证生产的稳定。

（二）原棉的分类排队和合理配棉

1. 原棉的分类

分类就是根据下达的配棉成分通知单，将适用于某型纱的原棉划为一类。原棉的分类实际上就是对原棉的选择。由于工厂中所纺的纱支品种较多，各种纱支就要求使用不同性能的原棉。因此，选用原棉时应注意以下几个方面。

（1）到棉趋势。为使混棉品质长期保持稳定，要求对混棉中的原棉产地尽量少变。由于到棉的品质不会十分稳定，因此在选用原棉时，尽可能地适当保留一部分品质较好的原棉，作为库存棉备用。

（2）气象条件。为了弥补霉湿季节纺纱生产的困难，尽可能先保留一部分品质较高、含水较低的原棉备用，以保持车间生产和成纱质量的稳定。

（3）纤维性质差异。在混合棉中的纤维一般都有性质差异，但是差异不应过大，否则会影响成纱品质。在原棉分类中，要考虑不同原棉以不同工艺进行处理，以取得较好的效果。

2. 原棉的排队

排队就是将同一类的原棉排成几队，将原棉产地、性质和相近的排号排在一个队里，以便“接批”使用，其目的是实现稳定生产的成纱质量。一般在排队中要注意的有以下几个方面。

（1）掌握主体：应有意识地安排几个批号性能指标相近的原棉为主体。一般以地区为主体，也可以长度或细度为主体。主体原棉在配棉成分中应占70%左右，从而避免特别好或特别差的原棉和用过多，影响成纱质量。

（2）队数与和用百分率。这两者有直接关系，当队数多时，则和用百分率可以少些；反之，则可多些。目前配棉队数一般为5~8队，最大的和用百分数为25%，若再大就有波动，如“接批”的差异过大。最初的和用百分率应控制在1%以内，逐渐增加，以保证生产和质量的稳定。

（3）勤调少调。勤调是指调换次数要勤，少调是指调换的数量要少，勤调是为了少调。要贯彻少调，可以采取“分段增减，交叉抵补”的办法，从而避免大调大换，不致影响成纱质量。

3. 合理配棉

根据原棉的不同品种、不同性状和有关工艺要求等各种因素，通过研究考虑，加以合理分类、排队使用，以便控制混棉质量的稳定。有时配棉可根据原棉含杂量而进行合理分卷处理。为了克服棉包之间差异过大的问题，应采取多唛多批的混棉方法。认真做好分类排队工作是合理安排和使用原棉的关键之一。在纺织企业的连续性生产过程中，对配棉要努力做到“瞻前顾后，细水长流”，以保证产品质量稳定。

原料的接替和调用应掌握原料质量的基本不变、少变、慢变的原则，采取多唛、小量增减、交叉抵补的方法，以减少生产波动。如原料抽调比例过多，质量影响或色泽变化较大时，需要进行快速试纺、试织或试染，做到半成品先做先用，成品先进先出，必要时应全面翻改，并通知用户注意分清，防止发生质量事故。

（三）化学纤维管理

由于化学纤维在纺织工业中使用的比重不断增加，天然纤维和化学纤维混纺的新型纺织品不断出现，所以化纤原料管理也是非常重要的。对化纤原料要逐包检验质量，要进行物理与化学分析，如弹力、伸长、卷曲、纤度、超长、倍长、回潮、染色等项目，根据原料的各自性状，同原棉一样，也应建立原料合理混用排列表，做到搭配使用，主唛稳定，防止波动，保证质量稳定。

1. 涤纶

涤纶学名聚酯纤维。涤纶有长丝和短纤维两种。长丝主要用于工业、农业方面，如做过滤布、防护服、水龙带、电气绝缘材料、轮胎帘子线等。目前，长丝在衣着方面也有发展。短纤维主要用于衣着，一般与天然纤维混纺。

（1）混用棉花等级。中特纱混纺用的原棉以细绒棉为主，细特和特细特精梳纱混纺则采用长绒或细绒棉，国产细绒棉的质量较好，已在细特混纺纱广泛采用。

混纺特数与混用原棉长度关系见表 2-1。

表 2-1　混纺特数与混用原棉长度关系

混纺特数（英支）	19 以上（30 以下）	15~10（30~40）	15~10（40~60）	10~8（60~70）	8 以下（70 以上）
混用原棉长度（mm）	27~29	27~31	29~33	29~33	33 以上

（2）混纺比例。涤棉混纺时，由于两种纤维的断裂伸长率相差很大，混纺纱在拉断过程中，伸长率达到 7%~8%时，混纺纱中的棉纤维已开始断裂，而涤纶伸长超过 20%才开始断裂。如涤纶含量为 50%左右时，纱线中只有一半的纤维承受拉伸强力，纤维强力利用率较低，随着涤纶含量增加，免烫、抗皱和耐磨性能越好。结合透气、吸湿、抗静电等服用性能，涤棉混纺比例一般是涤 65%，棉 35%。外衣织物的混纺也采用涤 75%、棉 25%；针织内衣织物要求吸湿性好，常采用涤/棉比例为 50/50、40/60 及 30/70 等含棉成分较多的混纺比例。

2. 维纶

维纶学名聚乙烯醇纤维。维纶的可纺性接近棉花，但比棉花强度高、耐磨性好。维纶的吸湿性高于其他合成纤维。

维棉混纺时，混用原棉一般采用 2~3 级、含杂较低、成熟度较好的细绒棉，长度一般采用 29~31mm。对纺制针织用纱或对条干有特别要求的产品，可和混用部分长绒棉。混纺比例常用的有两种，维/棉分别为 50/50、33. 3/66. 7。如织物以服用性能为主，对强力要求不高，则选用维/棉比例为 33. 3/66. 7 的混纺纱。

3. 锦纶

锦纶学名聚酰胺纤维，俗称尼龙。这种纤维的品种很多，如锦纶 6 和锦纶 66。锦纶的用途广泛，是民用、工业及国防上的重要材料。特点是强力高，耐磨性能比棉纤维高 10 倍左右，用作织袜美观耐穿，不霉不蛀，耐腐蚀。但吸水性较差，不透气，不耐晒。锦纶与棉混纺可改善服用性能，降低静电现象。

4. 黏胶纤维

黏胶纤维是人造纤维的主要品种，简称黏纤，亦称人造棉。高湿模量黏胶纤维简称富纤，黏胶纤维的原料来源广泛，制造成本低廉，适合在棉纺设备上纯纺和混纺。黏胶纤维应根据长度、细度、等级、生产厂家、品种、含油率、回潮率等分别堆桩存放，不能随便并批、并桩。按黏胶纤维的品种和用途分类排队，分别使用。当原料成分变动时，也应按照原料成分变动办法处理。

黏纤与原棉混纺或混并，可改善织物风格和服用性能。如外观比纯棉织物光洁、棉黏纱合股的纱线织成的织物染色后有花呢感。对于针织用纱，则原棉选用 2~4 级，长度 29~31mm，短绒少、成熟度较好的纤维。

5. 腈纶

腈纶弹性好，耐光、耐气候性好，耐酸碱，耐霉，缩水率低。腈纶的比重比棉轻 30%，比羊毛轻 13%，保暖性好。腈纶纯纺织物染色后色泽鲜艳。腈纶的强度约为锦纶的 1/2，与棉、黏纤混纺不能达到提高织物强度的要求。目前腈纶纯纺主要用于针织复制品。由于它的比重轻，毛型感强，保暖性高，且色泽鲜艳，所以一般制作毛型织物，如针织衫、围巾等冬季防寒衣着用品。腈纶与其他化纤混纺制成的织物也日益增多，一般用于制作毛毯、冬季呢料外衣、家具及装饰用布等。

6. 中长化纤

中长纤维混纺有涤/黏、涤/腈、黏/锦、涤/锦/黏、腈/锦/黏等种类。中长纤维混纺产品的牢度和耐磨性能较好，染整加工后外观和手感具有仿毛风格，纺制针织用纱更为适宜，纺纱成本较毛纺设备低，利用棉纺设备，可纺制 2. 8 ~ 3. 3dtex（2. 5~3 旦）、51 ~ 76mm 的中长纤维混纺产品。

机织用纱以涤纶混纺占多数，针织用纱以腈纶混纺占多数。中长纤维混纺多数采用原料混棉，尽可能采取多包混棉。严格掌握纤维性能差异和正确比例，以保证各类纱支质量和特性。

（四）纺织纤维的鉴别

鉴别纤维的方法很多，有手感目测法、燃烧法、显微镜观察法、化学溶解法、药品着色法、熔点法和光谱法等。各种方法各有特点，在鉴别纤维时，往往需要综合运用多种方法，才能做出准确的判断。

1. 手感目测法

根据纤维的外观形态、色泽、手感、伸长、强度等特征来判断天然纤维或化学纤维。手感目测法最简便，不需要任何仪器，但需要丰富的实践经验，而且有一定的局限性，难以鉴别化学纤维中的具体品种。

2. 燃烧法

燃烧法是最常用的一种方法，基本原理是利用各种纤维的不同化学组成和燃烧特征来粗略地鉴别纤维种类。鉴别方法是用镊子夹取一小束纤维，慢慢移近火焰，仔细观察纤维接近火焰时、在火焰中以及离开火焰后，烟的颜色、燃烧速度、燃烧后灰烬的特征以及燃烧气味，并加以记录，对照表 2-2 来进行判别。燃烧法也有一定的局限性，只适用于单一成分的纤维、纱线、织物的鉴别。对于混纺产品、包芯纱产品以及经过防火、阻燃或其他整理后的产品不适用。

表 2-2　几种纤维的燃烧特征

纤维名称	接近火焰	在火焰中	离开火焰后	燃烧后灰烬特征	燃烧时气味
棉、麻、黏胶纤维	不熔、不缩	迅速燃烧	继续燃烧	少量灰白色的灰	烧纸味
羊毛、蚕丝	收缩	逐渐燃烧	不易延燃	松脆黑色块状物	烧毛发臭味
涤纶	收缩、熔融	先熔后燃烧，且有熔滴滴下	能延燃	玻璃状黑褐色硬球	特殊芳香味
锦纶	收缩、熔融	先熔后燃烧，且有熔滴滴下	能延燃	玻璃状黑褐色硬球	氨臭味
腈纶	收缩、微熔、发焦	熔融、燃烧，有发光小火花	继续燃烧	松脆黑色硬块	有辣味
维纶	收缩、熔融	燃烧	继续燃烧	松脆黑色硬块	特殊甜味
丙纶	缓慢收缩	熔融、燃烧	继续燃烧	硬黄褐色球	轻微沥青味
氨纶	收缩、熔融	熔融、燃烧，有大量黑烟	不能延燃	松脆黑色硬块	有氯化氢臭味

3. 显微镜观察法

借助显微镜观察纤维的纵表面和横截面特征，对照纤维的标准显微照片和资料，可以正确地区分天然纤维和化学纤维。这种方法适用于纯纺、混纺和交织产品。各种常见纤维的纵表面与横截面的形态结构见表 2-3。

表 2-3　各种常见纤维纵横截面形态结构

纤维名称		纵表面	横截面	纤维名称	纵表面	横截面
天然纤维	棉			羊毛		
	亚麻			桑蚕丝		
	苎麻			柞蚕丝		
化学纤维	黏胶			涤纶		
	维纶			腈纶		
	锦纶					

4. 溶解法

溶解法是利用各种纤维在不同的化学溶剂中的溶解性能来鉴别纤维的方法，这种方法适用于各种纺织材料。鉴别时，对于纯纺织物，只要把一定浓度的溶剂注入盛有待鉴别的试管中，然后观察纤维在溶液中的溶解情况，如溶解、微溶解、部分溶解和不溶解等，并仔细纪录溶解温度，如常温溶解、加热溶解、煮沸溶解。对于混纺织物，需把织物先分解为纤维，然后放在凹面载玻片中，一边用溶液溶解，一边在显微镜下观察，观察两种纤维的溶解情况，以确定纤维种类。

用溶解法鉴别纤维时，应严格控制溶剂的浓度和溶解时的温度。各种常见纤维的溶解性能见表 2-4。

表 2-4 各种纤维的溶解性能

纤维种类	37%盐酸 24℃	75%硫酸 24℃	5%氢氧化钠煮沸	85%甲酸 24℃	冰醋酸 24℃	间甲酚 24℃	二甲基甲酰胺 24℃	二甲苯 24℃
棉	I	S	I	I	I	I	I	I
羊毛	I	I	S	I	I	I	I	I
蚕丝	S	S	S	I	I	I	I	I
麻	I	S	I	I	I	I	I	I
黏胶纤维	S	S	I	I	I	I	I	I
醋酯纤维	S	S	P	S	S	S	S	I
涤纶	I	I	I	I	I	S（93℃）	I	I
锦纶	S	S	I	S	I	S	I	I
腈纶	I	SS	I	I	I	I	S（93℃）	I
维纶	S	S	I	S	I	S	I	I
丙纶	I	I	I	I	I	I	I	S
氨纶	I	I	I	I	I	I	S（93℃）	I

注 S—溶解；SS—微溶解；P—部分溶解；I—不溶解。

5. 药品着色法

药品着色法是根据各种纤维对不同化学药品的着色性能的差别来迅速鉴别纤维的一种方法，此法只适用于未染色产品。有通用和专用两种着色剂。通用着色剂是由各种染料混合而成，可对各种纤维着色，再根据所着颜色来鉴别纤维；专用着色剂是用来鉴别某一类特定纤维的。通常采用的着色剂为碘—碘化钾溶液，还有着色剂 1 号、着色剂 4 号和 HI 等若干种。各种着色剂和着色反应情况见表 2-5 和表 2-6，用此法鉴别纤维时，为了不影响鉴别结果，应先除去待测试样上的染料和助剂。

表 2-5 几种常见纤维的着色反应情况（一）

纤维种类	着色剂 1 号	着色剂 4 号	杜邦 4 号	日本纺检 1 号
纤维素纤维	蓝色	红青莲色	蓝灰色	蓝色
蛋白质纤维	棕色	灰棕色	棕色	灰棕色
涤纶	黄色	红玉色	红玉色	灰色
锦纶	绿色	棕色	红棕色	咸菜绿色

续表

纤维种类	着色剂1号	着色剂4号	杜邦4号	日本纺检1号
腈纶	红色	蓝色	粉玉色	红青莲色
醋酯纤维	橘色	绿色	橘色	橘色

注 （1）杜邦4号为美国杜邦公司的着色剂。
（2）日本纺检1号是日本纺织检验协会的纺检着色剂。
（3）着色剂1号和着色剂4号是纺织纤维鉴别试验方法标准草案所推荐的两种着色剂。

表2-6　几种常见纤维的着色反应情况（二）

纤维种类	HI着色剂	碘—碘化钾溶液	纤维种类	HI着色剂	碘—碘化钾溶液
棉	灰色	不染色	维纶	玫红色	蓝灰色
麻	青莲色	不染色	锦纶	酱红色	黑褐色
蚕丝	深紫色	浅黄色	腈纶	桃红色	褐色
羊毛	红莲色	浅黄色	涤纶	红玉色	不染色
黏胶纤维	绿色	黑蓝青色	氯纶	—	不染色
铜氨纤维	—	黑蓝青色	丙纶	鹅黄色	不染色
醋酯纤维	橘红色	黄褐色	氨纶	姜黄色	—

注 （1）碘—碘化钾溶液是将碘20g溶解于100mL的碘化钾饱和溶液。
（2）HI着色剂是东华大学和上海印染公司共同研制的一种着色剂。

6. 熔点法

熔点法是根据合成纤维的不同熔融特性，在化纤熔点仪上或在附有加热台的测温装置的偏振光显微镜下观察纤维消光时的温度来测定纤维的熔点。这种方法不适用于不发生熔融的纤维素纤维和蛋白质纤维，而且不单独使用。各种合成纤维的熔点见表2-7。

表2-7　各种合成纤维的熔点

温度 \ 纤维种类	棉	羊毛	蚕丝	锦纶6	锦纶66	涤纶	腈纶	维纶	丙纶	氯纶
熔点（℃）	—	—	—	210~224	250~258	255~260	不明显	225~239	163~175	202~204

7. 红外吸收光谱鉴别法

各种材料由于结构不同，对入射光的吸收率也不相同，对可见的入射光会显示不同的颜色。利用仪器测定各种纤维对红外波段各种波长入射光的吸收率，可以得到各自的红外吸收光谱图。这种鉴别方法比较可靠，但要求有精密的仪器，因此应用不普遍。

此外，鉴别纤维的方法还有双折射法、密度法、X 射线衍射法等。

（五）纤维强力

1. 纤维强力与成纱强力

一定的强度是纤维具有纺纱性能和使用价值的必要条件之一，纤维强度高，则成纱强度也高。棉纤维的强度常采用断裂强力和断裂长度表示。细绒棉的断裂强力为 3.5~4.5cN，断裂长度为 21~25km；长绒棉的断裂强力为 4~6cN，断裂长度为 30km。由于单根棉纤维的强力差异较大，所以一般测定棉束纤维强力，然后再换算成单纤维的强度指标。棉纤维的断裂伸长率为 3%~7%，弹性较差。其他条件相同时，单纤维强力高，则成纱强力也高，但当纤维单强增加到一定限度时，由于纤维线密度增大（纤维单强高，则成熟度好，线密度大，纤维柔软性下降，且纱条截面内纤维根数减少），成纱强力不再显著上升。成纱强力很大程度上取决于纤维的线密度，因此纺纱生产多以纤维的断裂长度（纤维的绝对断裂强度与纤维公制支数的乘积）来比较不同线密度纤维的强力。当纤维的断裂长度大时，必然是纤维的线密度小或单强高，因此成纱强力就好。

2. 纤维强力、断裂伸长率与纱线条干

单纤维强度较差时，在纺纱过程中容易折断，增加短绒，影响条干均匀，断头率增高，用棉量增多，生产效率降低。

一般纤维断裂伸长率和回弹性与纱线条干不匀的关系不大，但某些新型纤维具有很大的断裂伸长率和良好的弹性，对纱线条干不匀影响较大，如涤纶改性纤维 PTT（对苯二甲酸丙二醇酯纤维）、PBT（聚对苯二甲酸丁二酯纤维）等。PTT 纤维断裂伸长率高达 500%以上，弹性回复率达 90%以上，在纺纱牵伸较小，从慢速纤维转变为快速纤维时，可使须条（纤维束）只伸长不变细或少变细，随后弹性回复成原来长度，从而导致牵伸力极大，牵伸效率降低，纺纱质量偏差难以控制，条干节粗节细，尤其在 5 倍以下小牵伸时更易发生。

为此，纺制这类纤维时，需在牵伸倍数较小的后区牵伸适当增大牵伸倍数，或者采用较大的后区中心距和较小的粗纱捻系数以及加大牵伸区罗拉压力。因为并条工序前后区牵伸都小于 5 倍，也易产生牵伸力剧增、牵伸效率降低、条干节粗节细的现象，必要时可增加一道并条工序，减少条干凹凸不平的现象。

原料方面要求纤维的断裂伸长率和弹性保持稳定，切忌混有超长纤维和倍长纤维，并控制混纺比。

3. 纤维成熟度

棉纤维成熟度可以作为评定棉纤维内在品质的一个综合指标，它直接影响棉纤维的色泽、强度、细度、天然转曲、弹性、吸湿、染色等性能，因此，可以根据棉纤维的成熟度来估计或衡量棉纤维的其他各项物理性能指标。棉纤维的成熟度不同，不仅会引起纤维性能的变化，而且对纺纱工艺及成纱、织物的质量也会产生很大的影响。棉纤维的成熟度差异很大，正常吐絮后采摘的同一批棉花也含有成熟和不成熟的纤维，通常纤维成熟度是指一批原棉的平均成熟度。成熟度的表示与试验方法：

成熟度系数是指棉纤维中段截面恢复成圆形后相应于双层壁厚与外径之比的标定值。成熟度系数 M 与 $2\delta/D$ 成线性关系。

$$2\frac{\delta}{D}=0.05+0.15M \text{ 或 } M=20\left(2\frac{\delta}{D}\right)-1/3$$

即最不成熟的纤维 M 为 0，此时 $2\delta/D=0.05$；标准成熟的纤维 $M=2$；最成熟的纤维 $M=5$。

实际上，棉纤维已经被压扁，按此测定法是极不方便的，因此实际检验中采用中腔胞壁比值法来测定。我国现在规定以可见中腔宽 a 对可见一侧壁厚 b 的比值法测定。一般测定 200 根纤维，计算平均成熟度系数和未成熟纤维的百分率两项指标。

$$\text{平均成熟度系数}=\frac{\text{测定的纤维成熟度系数总和}}{\text{测定的总根数}}$$

$$\text{未成熟纤维的百分率}=\frac{\text{成熟度系数在 0.75 以下的纤维根数}}{\text{测定的总根数}\times 100\%}$$

正常成熟的陆地棉成熟度系数一般在 1.5～2.2，低级棉在 1.4 以下。从纺纱工艺与成品品质考虑，成熟度系数在 1.7～1.8 最为理想。用对比法测定时，海岛棉的成熟度系数较陆地棉高，在 2.0 左右。

4. 单纤维强度测定

用 Y162 束纤维强力仪测定纤维强度，可与中段称重法结合进行。试样夹持距离为 3mm，棉束重量在 3mg 左右，使棉束在 1500～2000cN 断裂。一般测定 5 束棉样，求平均强度。

$$\text{5 束棉样单根纤维断裂强度}=\frac{\text{5 束棉样断裂强度之和(cN)}}{\text{5 束棉样重量(mg)}\times\text{每毫克中纤维根数}}$$

考虑到一束纤维拉断时纤维断裂的不同时性，造成束纤维强度偏低，故强度值必须进行修正，公式如下：

$$\text{平均单根纤维强度}=\frac{\text{5 束棉样中单根纤维断裂强度}}{0.675}$$

二、纱线的质量检验

（一）纱线细度及不匀的测定

1. 细度的测定

实验室常采用绞纱称重法来测量纱线的线密度，棉及棉型纱线在摇纱器上摇取绞纱，每缕绞纱 100 圈，每圈周长 1m，共 100m，精梳毛纱为 50m，粗梳毛纱为 20m，生丝为 450m。每批纱样摇取 30 绞，烘干后称总重。将总重除以 30，得到每绞纱的平均干重。以棉纱线为例，根据下式求得所测纱线的线密度：

$$N_t = 10 \times G_0 \times (1 + W_k)$$

式中：G_0——每绞纱的平均干重，g；

W_k——纱线的公定回潮率。

2. 细度不匀的测定

（1）测定方法。

①目光检验法。又称黑板条干检验法。将纱线利用摇黑板机均匀地绕在一定规格的黑板上，然后将黑板在规定的光照和位置下与标准样品（照片或实物）进行目测对比评定，同时观察其阴影、粗细节及严重疵点等情况，以此判断纱线的条干级别。这种方法实际上所检验的是纱线的表观直径或投影。该方法简便易行，直观性强，目测结果与织物疵点的规律较为接近，但评定结果受检验人员的主观因素的影响。

②切断称重法。又称测长称重法。是测定纱线粗细不匀的最基本的方法。切取若干个等长的纱线片段，分别称重，然后按规定计算平均差系数、重量变异系数或极差系数。纺织生产中，条子、粗纱和细纱普遍采用此方法来测定细度不匀，切取的片段长度棉条为 5m，粗纱为 10m，棉及棉型纱线为 100m，精梳毛纱为 50m，粗梳毛纱为 20m，生丝为 450m。测试的试样个数一般为 30 个。

切断称重法可以测量各种片段长度的重量不匀，片段可短到 0.01m，也可长达几百米。但当切取的片段较短时，需切取的数量很多，工作量极大，因此短片段切取称重法多用于准确度较高的研究工作或校正仪器时使用。

③电容式条干均匀度仪检测法。当前广泛使用的电容式条干均匀度仪有中国 YG135、YG136 系列和瑞士 Uster Tester4 型为主的新一代条干均匀度测试仪。电容式条干均匀度仪器的主机上有几组平行金属极板组成的间距不同的电容器（测量槽）应依据纱条的粗细选用合适的测量槽，使电容器极板间的纤维有合适的填充率，以保证电容传感器有良好的线性转换关系，进而减小测量结果偏差。测试的基本原理是：当纱条进入平行极板组成电容器时，电容器的电容量随纱条线密度的变化而变化，将电容量的变化转换成电量的变化，即可反映纱条线密度的变化。

（2）细度不匀测试方法分析。前述目光检测法、切断称重法和电容式条干均匀度仪检测法，第一种反映的是表观直径不匀，后两种测试方法反映的是重量不匀，它们都没有考虑纱条的密实程度。当纱条粗细变化较大时，因粗处抗扭刚度大，捻度倾向于分布在细的地方，所以细处纱条更紧密，直径更小，黑板条干会变差，但不影响乌斯特条干均匀度。因此，所用测量方法的测量原理不同，测试的同一种纱的均匀度可能不同，这是测量工作者和研究人员应该注意的地方。

(3) 纱线细度不匀与片段长度的关系。纱线的细度不匀与切取的片段长度密切相关。所以不同片段长度间的不匀率是没有可比性的。根据纱线片段长度不同，细度不匀率可分为外不匀率、内不匀率和总不匀率。外不匀率即片段间的不匀率，是指将纱线分成若干个等长的片段，分别称重后求得的不匀率；内不匀率即片段内的不匀率，是指将上述任一片段纱再分成若干个等长的小片段，分别称重后求得的不匀率；总不匀率是指将全部纱线分成若干个极小的片段，分别称重后求得的不匀率。当不匀率用变异系数表示时，根据变异（变异系数的平方）相加定理，可得：

$$CV^2 = CV_B(l)^2 + CV_I(l)^2$$

式中：CV——总不匀；

$CV_B(l)$ ——外不匀；

$CV_I(l)$ ——内不匀。

上述变异间的关系即为：纱线的总不匀等于纱线的内不匀与外不匀之和。

理论上，纱线总不匀是不随片段长度的变化而变化的，为定值。外不匀随片段长度的增大而减小，并趋近于零；内不匀随片段长度的增大而增大，并趋近于总不匀，可表示为：

$$CV^2 = CV_B(l)^2 + CV_I(l)^2 = CV_B(0)^2 = CV_I(\infty)^2$$

因此，对于切断称重法，若切取的片段长度 l 较大则不能反映纱线的总不匀；对于电容式条干均匀度仪，采用的金属平行板电容器的长度为 8mm 时，测试的是 8mm 片段间的不匀，而所测纱条的总长度又较长，因此接近于纱线的总不匀。

(二) 纱线的强度

纱线的强度是评定纱线品质所要考核的项目之一，是最重要的常规检验项目。有两种测试纱线强度的仪器和表示纱线强度的方法。

1. 单纱强力和断裂长度

拉断单根纱线所需要的力，叫单纱强力，单位是牛（或克力）。单根测试的优点是能够反映出纱线的强度分布，同时可得到纱线的断裂伸长。随着单纱强力机自动化程度的提高，它的应用日趋广泛。

单纱强力的大小，不仅和纱线本质的强弱有关，而且和纱线的粗细有关。为了反映纱线本质的强弱，以便不同特数的纱线进行比较，可采用断裂长度 L，它等于单纱强力 P（gf）与纱线公制支数 N_m 的乘积除以 100，或等于单纱强力 P 与纱线特数 N_t 之比，单位是 CN/tex（gf/tex）。

$$L = \frac{P \times N_m}{100} (\mathrm{km})$$

或

$$L = \frac{P}{N_t} (\mathrm{gf/tex} \text{ 或 } \mathrm{cN/tex})$$

2. 缕纱强度与品质指标

棉纱线和棉型化纤纱线的强度，生产上采用缕纱强力机测定。首先在纱线测长器上摇取缕纱，每个缕纱长 100m（公制纱框周长为 1m，摇取 100 圈；英制缕纱 80 圈，每圈长 1.5 码，缕纱长 120 码），然后在缕纱强力机上测缕纱强度。

在拉伸断裂过程中，缕纱中的各根纱线不是同时断裂，所以缕纱强度小于缕纱中各根单纱强度的总和，它们的比值叫缕比，棉纱线和毛纱线的缕比一般在 0.7~0.8。

为了在不同线密度的纱线间进行比较，对缕纱强度 Q 来说，可采用品质指标 D_t：

$$D_t = \frac{Q}{N_t} \times 1000$$

在英制系列中，品质指标 D_e 等于缕纱强度 Q_0（磅力）与纱线的英制支数 N_e 乘积：

$$D_e = Q_0 \times N_e$$

断裂长度和品质指标是两个意义相同的纱线强度指标，在不同特数或支数的纱线间，可用它们来比较纱线强度的大小。

（三）纱线捻度测定

1. 捻度测试方法

（1）直接计数法（解捻法）。将试样在一定的预加张力下固定在距离一定的两个夹头中，其中一个夹头为回转夹头，使回转夹头按解捻方向转动直至试样完全解捻为止。对于股线的测试，随着回转夹头按解捻方向的慢速回转，用挑针自固定夹头向回转夹头挑开试样，直到股线中的单纱完全分离，此时股线完全解捻。根据读数盘上的回转数和夹头的距离可计算试样的捻度。对于短纤维纱，因纤维在纱中的内外转移和相互纠缠，退捻作用往往不能将纱中的纤维完全伸直、平行，不宜采用此测试方法。

（2）退捻加捻法（张力法）。将一定长度的试样在一定的张力下固定在距离一定的两个夹头中，使回转夹头按解捻方向连续转动，纱线先行退捻到一定程度后，自然会被反向加捻，当纱线长度恢复到原长度时，回转夹头停止转动。在此过程中，因退捻时纱线的伸长与反向加捻时纱线的缩短相等，退捻数与反向加捻数相同。根据捻度测定仪读数盘上的夹头回转数和试样的长度可计算试样的捻度。计算公式如下：

$$T_t = \frac{n}{2 \times L} \times 10 = \frac{n}{5}$$

式中：T_t——特数制捻度（捻/10cm）；

n——回转夹头的回转数；

L——试样长度（cm），通常取25cm。

（3）纱线的捻缩。当测定股线时，除了测定捻度之外，还需要测定捻缩。纱线加捻后，纤维发生倾斜，使纤维沿纱轴向的有效长度变短，引起纱的长度缩短。这种因纱线加捻而引起的长度缩短称为捻缩。捻缩直接影响到纺成纱的实际特数和实际捻度，在纺纱和捻线工艺设计中，必须加以考虑。捻缩的大小通常用捻缩率来表示，即加捻前后纱条的长度之差与加捻前原长的比值，用百分数表示。计算公式如下：

$$\mu = \frac{L_0 - L_1}{L_0} \times 100\%$$

式中：μ——捻缩率；

L_0——纱条原长；

L_1——加捻后纱条的长度。

捻缩率μ为正值表示加捻后纱条缩短，为负值表示加捻后纱条伸长。单纱的捻缩率随捻系数的增加而变大。

2. 捻度的测定标准

一般测定30个数据，计算平均捻度及捻度不匀率。

$$平均捻度 = \frac{\sum T_i}{n}$$

$$捻度不匀率 = \frac{2(\bar{T} - \bar{T}_{小})n_{小}}{\bar{T} \times n} \times 100\%$$

式中：$\bar{T}$——平均值；

$\bar{T}_{小}$——小于平均值以下的平均值；

$n_{小}$——小于平均值的个数；

n——试验总个数。

（四）纱线的品质评定

1. 棉纱线的品质评定

纱线是纺纱厂的产品，又是织布厂和针织厂的原料。为了在企业内部和企业之间作为考核纱线品质和交付验收的依据，国家主管部门特批准和颁布各种纱线的品质指标。有国家技术监督局批准颁布的国家标准，有纺织工业联合会批准颁布的部标准或专业标准，还有省、市工业部门制定的地方标准和企业自身考核用的企业标准。纱线品质标准内容，一般包括技术条件、评定等级的规定、试验方法、包装、标志以及验收规定等。

在品质标准中，评定纱线的等级，基本上都是根据物理指标和外观疵点来进行。不同种类和不同用途的纱线，所要考核的具体项目不同。目前的国家标准规定，棉纱线的品质，根据品质指标和重量不匀率这两项物理指标来评定。棉纱的品级，根据棉结杂质粒数和条干均匀度这两项外观疵点来评定。棉线的品级，根据棉结杂质粒数一项评定。中长涤黏（65/35）混纺纱线的品等，根据单纱线断裂强度和重量不匀率来评定。纱的品级由条干均匀度评定。

精梳涤棉混纺本色单纱的品等由单纱断裂强度、单纱断裂强度变异系数、百米重量变异系数、条干均匀度变异系数等来评定。股线的品等由单纱断裂强度、单纱断裂强度变异系数、百米重量变异系数等来评定。

（1）纱线品等评定规则。

①棉纱线的品等分为优等、一等、二等，低于二等指标者作为三等。

②棉纱分等的质量指标包括五项，即单纱断裂强力变异系数 *CV*（%）、百米重量变异系数 *CV*（%）、条干均匀度、1g 内棉结粒数、1g 内棉结杂质总粒数，当上述各项的品等不同时，按其中最低的一项定等。棉线分等的质量指标包括四项，即不测条干均匀度。

③单纱（线）断裂强度或百米重量偏差超出允许范围时，在单纱（线）断裂强力变异系数（%）和百米重量变异系数（%）原品等的基础上作顺序降一个等处理，如两项都超出范围，亦只顺序降一次，降至二等为止。

④优等棉纱另加 10 万米纱疵作为分等指标。

⑤检验条干均匀度可选用黑板条干均匀度或条干均匀度变异系数 *CV*（%）两者中的任意一种，但一经确定，不得随意更改。发生质量争议时，以条干均匀度变异系数 *CV*（%）为准。

（2）重量偏差。纺纱工厂生产任务中规定生产的最后成品纱线的特数称为公称特数，一般应符合国家标准中规定的公称特数系列。纺纱工艺中，考虑了筒摇伸长、股线捻缩等因素后，为使纱线成品特数符合公称特数而设计的细纱特数，叫设计特数。用抽样试验方法实际测得的成品纱线的特数，称为实际特数。

纱线的实际特数和设计特数的偏差百分率称为重量偏差或特数偏差。实际测试时，以百米重量偏差来表示，计算公式如下：

$$百米重量偏差=\frac{试样实际干重-试样设计干重}{试样设计干重}\times 100\%$$

重量偏差将影响该纱线的品质评定等级。在纱线和化纤长丝的品质评定标准中，重量偏差都规定有一定的允许范围。如果抽样实验所测得的重量偏差没有超出允许范围，表明试样所代表的该批纱线的实际特数与设计特数没有显著差异。如果重量偏差超出允许范围，则说明该纱线的定量偏重（重量偏差为正值）或偏轻(重量偏差为负值)。

（3）纱线细度不匀率。纱线的细度不匀，是指纱线沿长度方向上的粗细不匀，常用纱线细度不匀率来表征。纱线的粗细不匀不仅会影响织物的外观质量，如出现条花状疵点，而且还会降低纱线的强度，造成织造过程中断头和停机的增加。因此，纱线的细度不匀是评定纱线质量的最重要的指标之一。

①平均差系数。指各数据与平均数之差的绝对值的平均值对数据平均值的百分比。计算公式如下：

$$U=\frac{\frac{1}{n}\sum_{i=1}^{n}|x_i-\bar{x}|}{\bar{x}}\times 100\%$$

式中：x_i——第 i 个数据；

$\bar{x}$——数据平均值；

n——数据个数。

②变异系数（又称离散系数）。指各数据与平均值之差的平方的平均值之平方根（即均方差）对平均值的百分比。计算公式如下：

$$CV=\frac{\delta}{\bar{x}}\times 100\%$$

$$\delta=\sqrt{\frac{\sum_{i}^{n}(x_i-\bar{x})^2}{n}}$$

式中：CV——变异系数；

δ——均方差。

当测试个数少于 50 时，均方差应按下式计算：

$$\delta=\sqrt{\frac{\sum_{i}^{n}(x_i-\bar{x})^2}{(n-1)}}$$

③极差系数。指数据中最大值与最小值之差（即极差）对平均值的百分比。计

算公式如下：

$$r = \frac{x_{max} - x_{min}}{\bar{x}} \times 100\%$$

式中：r——极差系数；

x_{max}——测试数据中的最大值；

x_{min}——测试数据中的最小值。

在上述三个指标中，变异系数被广泛用来表示纱条细度不匀率。

（4）关于纱线品名。纱线品名包括原料代号、混纺比、生产工艺过程代号、细度和用途代号五部分，各部分代号见表2-8。

表2-8　主要品种代号

类别	品种	代号	举例
按不同原料分	涤棉混纺纱	T/C	T/C 13
	维黏混纺纱	V/R	V/R 18
	涤黏混纺纱	T/R	T/R 18
	腈纶纯纺纱	A	A 19
按不同混纺比分	涤棉 65/35 混纺纱	T/C 65/35	T/C 65/35 13
	涤棉 50/50 混纺纱	T/C 50/50	T/C 50/50 18
	棉涤 55/45 混纺纱	C/T 55/45	C/T 55/45 28
按不同工艺分	绞纱	R	R 28　R 14×2
	筒子纱	D	D 20　D 14×2
	精梳纱	J	J 10 W　J 7×2 T
	烧毛纱	G	G 10×2
	经电子清纱器纱	E	E 28
	气流纺纱	OE	OE 36
按不同用途分	经纱	T	28 T　14×2 T
	纬纱	W	28 W　14×2 W
	针织用纱	K	10 K　7×2 K
	起绒用纱	Q	96 Q

如“精梳 65/35 涤棉混纺 13tex 筒子纬纱”用“T/C 65/35 JD 13 W”表示。普梳棉纱的质量指标及品等见表2-9。

表 2-9　普梳棉纱的质量指标及品等

线密度（tex）	等别	单纱断裂强力变异系数（%）不大于	百米重量变异系数（%）不大于	单纱断裂强度（cN/tex）不小于	百米重量偏差（%）不大于	条干均匀度		1g内棉结粒数不多于	1g内棉结杂质总粒数不多于	实际捻系数		优等纱纱疵（个/10万米）不多于
						黑板条干均匀度10块板比例(优：一：二：三)不低于	条干均匀度变异系数（%）不大于			经纱	纬纱	
8~10	优	12.0	2.5	10.6	±2.5	7：3：0：0	18.0	35	50	340~430	310~380	40
	一	16.5	3.7			0：7：3：0	21.0	80	110			
	二	21.0	5.0			0：0：7：3	24.0	125	165			
11~13	优	11.5	2.5	10.8		7：3：0：0	18.0	35	60	340~430	310~380	
	一	16.0	3.7			0：7：3：0	21.0	80	120			
	二	20.5	5.0			0：0：7：3	24.0	140	185			
14~15	优	11.0	2.5	11.0		7：3：0：0	17.5	35	60	330~420	300~370	
	一	15.5	3.7			0：7：3：0	20.5	80	120			
	二	20.0	5.0			0：0：7：3	23.5	140	185			
16~20	优	10.5	2.5	11.2		7：3：0：0	17.5	35	60	330~420	300~370	
	一	15.0	3.7			0：7：3：0	20.5	80	120			
	二	19.5	5.0			0：0：7：3	23.5	140	185			
21~30	优	10.0	2.5	11.4		7：3：0：0	16.5	35	60	330~420	300~370	
	一	14.5	3.7			0：7：3：0	19.5	80	120			
	二	19.0	5.0			0：0：7：3	22.5	140	185			
32~34	优	9.5	2.5	11.2		7：3：0：0	16.0	40	75	320~410	290~360	
	一	14.0	3.7			0：7：3：0	19.0	80	145			
	二	18.5	5.0			0：0：7：3	22.0	130	225			
36~60	优	9.0	2.5	11.0	±2.8	7：3：0：0	15.0	40	75	320~410	290~360	
	一	13.5	3.7			0：7：3：0	18.0	80	145			
	二	18.0	5.0			0：0：7：3	21.0	138	225			
64~80	优	8.5	2.5	10.8		7：3：0：0	14.0	40	75	320~410	290~360	
	一	13.0	3.7			0：7：3：0	17.0	80	145			
	二	17.5	5.0			0：0：7：3	20.0	130	225			
88~192	优	8.5	2.5	10.6		7：3：0：0	13.5	40	75	320~410	290~360	
	一	13.0	3.7			0：7：3：0	16.5	80	145			
	二	17.5	5.0			0：0：7：3	19.5	130	225			

2. 毛纱的品质评定

精梳毛织物，一般属高档纺织品，对其手感和风格，要求较高。因此毛纱线的品质必须符合织物的这种要求。毛纱线的等级，也是根据物理指标和外观疵点来评定。物理指标中，除线密度和强度外，纱线的捻度对织物的手感和风格影响较大，也是重要考核项目。物理指标项目包括线密度偏差率、重量变异系数、断裂长度、捻度变异系数、捻度偏差率等。外观疵点规格检验的项目有毛粒、大肚纱、羽毛纱、纱疵等。此外，由精细节的数量和分布决定的毛纱的条干均匀度，另行检验和分级。

一般毛纱线均作为企业内部的半制品加以考核，没有国家标准，只有行业标准或地方标准。在本书中，精梳毛纱和粗梳毛纱的品质是按纺织行业标准评定等级的。

（1）精梳毛纱的品质评定。精梳毛纱线的品质评定按照物理指标和外观两项来评等、评级。根据物理指标评等，分为一等、二等，低于二等为等外；根据外观评级，分为一级、二级，低于二级为级外。另外，还须检验条干一级率。

①评等。精梳毛纱评等的物理指标包括线密度偏差、重量变异系数、捻度偏差、捻度变异系数、单纱平均强力等。具体指标见表2-10。

表2-10　精梳毛纱物理性能评等指标

项目	粗特纱（23.8tex及以上）			中特纱（17.9~23.8tex）			细特纱（17.9tex及以下）			品等	试验方法
	纯毛	混纺	化纤	纯毛	混纺	化纤	纯毛	混纺	化纤		
线密度偏差（%）	1.8	1.8	1.8	1.7	1.7	1.7	1.7	1.7	1.7	1	GB/T 4743—2009
	2.2	2.2	2.2	2.1	2.1	2.1	2.1	2.1	2.1	2	
重量变异系数（%）	2.7	2.7	2.3	2.7	2.7	3	2.7	2.7	3	1	GB/T 4743—2009
	3.2	3.2	3.5	3.2	3.2	3.5	3.2	3.2	3.5	2	
捻度偏差（%）	4	4	4	4	4	4	4	4	4	1	GB/T 2543—1—2015
	5	5	5	5	5	5	5	5	5	2	
捻度变异系数（%）	11.5	11.5	12	12.5	12.5	13	12.5	12.5	13	1	GB/T 2543—2—2009
	12.5	12.5	13	13	13	13.5	13.5	13	13	2	
平均强力（cN）不小于	200						180	200		1	GB/T 3916—2013
低档纤维含量增加率（%）不小于	2.5									1	GB/T 2910—1~GB/T 2910—24—2009
含油率（%）	1.5	—	0.5	1.5	—	0.5	1.5	—	0.5	1	GB/T 4743—2009
染色牢度（级）参照GB/T 4743—2009规定											GB/T 4743—2009

②评级。精梳毛纱评级的外观检验分为条干均匀度和外观疵点两项。

（a）条干均匀度。可用黑板条干均匀度或乌斯特条干均匀度指标考核。黑板条干均匀度以 10 块黑板的一面按标样评定达到一级纱的块数，评级标准见 2-11；乌斯特条干均匀度以均方差变异系数（%）表示，评级标准见 2-12。

表 2-11　精梳毛纱的黑板条干评级标准

项目	粗细分档	品级	纯毛	混纺	化纤
黑板条干一级率（块）	高特纱	1	2	2	1
		2	1	1	0
	中、低特纱	1	1	1	1
		等外	0	0	0

表 2-12　精梳毛纱的均方差变异系数 *CV* 值（%）

线密度（tex）	一级品	二级品	级外品
33.8	18.2~19.0	18.2~19.0	19.9 以上
28.6	18.5~19.3	18.2~19.0	20.2 以上
25	18.8~19.6	18.2~19.0	20.5 以上
23.8	19.3~19.9	18.2~19.0	20.8 以上
22.7	19.6~20.1	18.2~19.0	21.0 以上
21.7	19.8~20.3	18.2~19.0	21.2 以上
20.8	20.0~20.5	18.2~19.0	21.4 以上
20	20.0~20.7	18.2~19.0	21.6 以上
19.2	20.4~20.9	18.2~19.0	21.8 以上
18.5	20.6~21.2	18.2~19.0	22.1 以上
17.9	20.8~21.4	18.2~19.0	22.3 以上
17.2	20.9~21.5	18.2~19.0	22.4 以上
16.7	21.0~21.6	18.2~19.0	22.5 以上
16.1	21.2~21.7	18.2~19.0	22.6 以上
15.6	21.3~21.8	18.2~19.0	22.7 以上
15.2	21.4~21.9	18.2~19.0	22.8 以上
14.9	21.5~22.0	18.2~19.0	22.9 以上
14.8	21.6~22.1	18.2~19.0	23.0 以上

注　此表使用于精梳纯毛单纱。

（b）外观疵点。可用黑板法和乌斯特纱疵分级仪法进行分级。黑板法以 10 块黑板所绕取长度内的毛粒及其他疵点数来进行评级，具体评级指标见表 2-13。乌斯特纱疵评级指标见表 2-14。

表 2-13　精梳毛纱黑板表面疵点评级指标

项目	纯毛	混纺	化纤	品级
大肚、竹节、超长粗（只）	不允许	不允许	1	1
	1	1	2	2
毛粒及其他纱疵（只）	15	20	25	1
	20	30	40	2

表 2-14　精梳毛纱乌斯特纱疵评级指标

纱疵类	一级	二级
毛粒（只）	3~8	9~15
短粗（只）	20~40	41~60
粗节（只）	10~20	21~30
长粗节（只）	10~15	16~20

（2）粗梳毛纱的品质评定。粗梳毛纱也是根据物理指标评等，根据外观质量评级。粗梳毛纱的评等、评级指标分别见表 2-15 和表 2-16。

表 2-15　粗梳毛纱评等的物理指标

项目	品等	167tex 及以上	111~164tex	84~110tex	83tex 及以下
线密度偏差率（%）不大于	1	±4	±4	±3.5	±3.5
	2	±4.5	±4.5	±4	±4
重量变异系数（%）不大于	1	7	6.5	6	6
	2	7.5	7	6.5	6.5
捻度偏差率（%）不大于	1	±7	±6	±6	±5.5
	2	±7.5	±6.5	±6.5	±6
捻度变异系数（%）不大于	1	11	11	110	10
	2	11.5	11.5	10.5	10.5
平均强力（N）不大于	1	150	130	100	80
强力变异系数（%）不大于	1	16	16	15	15
低档纤维含量增加率（%）	1	3.5	3.5	3.5	3.5
含油率（%）	1	纯毛 2.5，化纤 0.5			
颜色牢度级	1	参照现行标准执行规定			

表 2-16　粗梳毛纱评级的外观品质指标

项目	一级	二级
大肚、粗节、细节、粗细节	不允许	1
毛粒及其他纱疵（只）	优于样照	差于样照
条干均匀度（块）	3	2

3. 纯苎麻纱的品质量评定

纯苎麻纱根据物理指标评等，根据外观质量评级。

（1）评等。纯苎麻纱的等别有上等、一等和二等。评等的物理指标包括单纱断裂强力变异系数、重量变异系数、单纱断裂强度和重量偏差。先由单纱断裂强力变异系数和重量变异系数根据表 2-17 评定基本等，然后根据单纱断裂强度和重量偏差决定降等的情况，若单纱断裂强度和重量偏差超出标准规定范围，在原品等的基础上顺降一等；单纱断裂强度和重量偏差两项同时超出标准规定范围时，亦只降一等，但降至二等为止。

表 2-17　纯苎麻纱的品等评定标准

重量变异系数	单纱断裂强力变异系数			
	上等	一等	二等	二等以下
上等	上	一	一	等外
一等	一	一	二	等外
二等	一	二	二	等外
二等以下	二	等外	等外	等外

（2）评级。纯苎麻纱的级别有优级、一级和二级。评级的外观质量指标包括条干均匀度变异系数 *CV*（%）、细节、粗节和结杂。评级时，各项的品级不同时，按如下规定进行：

四项中有三项优级，一项为二级时，评为一级；

四项中有二项优级，一项一级，一项二级时，评为一级；

四项中有一项优级，二项一级，一项二级时，评为二级；

其余均按四项中最低一项的级别评定。

总之，在工厂中对每一批纱线都要抽取样品进行检验，检测内容有单纱强力、捻度、捻度不匀率、细度、缕纱强度。

为了获知最终产品的质量是否满足要求，必须对反映纱线物理性能、外观疵点和均匀性的品质指标进行评定。但是，不同种类、不同用途的纱线所考核的内在质量和外观质量的具体项目有所不同。国家主管部门特批准和颁布了各种纱线的品质标准，作为企业内部和企业之间考核纱线品质和交付验收的依据。纱线品质标准的内容一般包括产品品种规格、技术要求、试验方法、包装、标志以及验收规定等。

第二节　半成品的质量控制

一、染色纱线的质量控制

色织生产中，对原料进行煮、漂、染、浆后，纱线物理指标的好坏，直接影响到成品的物理指标和外观，一般色织厂对染色纱线需做以下测试。

（1）单纱强力的测试。纱线经染色后，强力会受到影响，因此需要再次对单纱强力进行测试检验。

（2）染色牢度的测度。考核原样变化，白布沾色、干磨、湿磨，然后再对照国家标准灰色样卡来确定色牢度等级。

（3）白度的测试。对于加白纱线，再用百度仪测试白度。

（一）纱线煮练基本工艺

1. 概述

为了除去棉纤维中的天然杂质，如油脂、蜡质和棉籽壳以及部分天然色素等，需用烧碱与其他助剂加热精练，使这些杂质借碱液发生皂化、乳化和加水分解等作用，从棉纤维上脱离下来，再经水洗除去，煮练良好的棉纱（线）能提高渗透性能，并使手感柔软，为达到良好的漂白和染色效果奠定基础。

煮练后纱（线）质量要求如下。

（1）毛细管效应不低于 8cm/30min。

（2）煮练后纱（线）面 pH 为 7~8。

（3）煮练后纱线的强力加工系数 1.02。

（4）纱（线）应洁白、匀净，黄斑、污斑不超过 3~4 级（潮纱）。

（5）纱（线）应无乱纱、绉纱、镶丝纱。

2. 煮练助剂的作用

煮练液中使用助剂是为了提高原棉脱脂、去杂效果，一般都以烧碱作为主练剂，以纯碱、泡化碱、重亚硫酸钠、肥皂和渗透剂等作为助练剂。

（1）烧碱。它能与棉纤维上蜡状物质中的脂肪酸起皂化作用，生成可溶性皂质和甘油。在热碱液的长时间作用下，棉纤维中的果胶生成果胶酸钠而溶于水中；同时烧碱还能使含氮物质水解成可溶性的氨基酸盐，使棉籽壳膨化，溶解成木质素而去除。

（2）泡化碱。它能吸附和凝聚练液中的铁质及其他杂质，防止煮练过程中的杂质重新吸附在棉纤维上，因而，加入适量的泡化碱能提高纱（线）的白度，但其用量不宜过多，且煮练后纱（线）要充分水洗，否则会影响手感和毛细管效应，深色品种煮练可不加。

（3）纯碱。它与纤维素中的高级脂肪酸酯及其他高级固体碳氢化合物起乳化作用，生成可溶性的鲸蜡醇，同时还起到软水作用。

（4）重亚硫酸钠或亚硫酸钠。它具有还原性，能防止高压煮练时，因空气存在而氧化纤维素，同时它能使木质胶素变成木质磺酸，也能使含氮物质变成氨基酸等有机酸而溶于练液中。在低级棉的纱（线）煮练中，加入适量的重亚硫酸钠或亚硫酸钠尤为必要。重亚硫酸钠或亚硫酸钠在高温高压的碱液中，对纤维能起漂白作用，还能起到澄清练液的作用，以利于练液回用。

（5）肥皂和渗透剂。它们能促使练液渗透纤维，使纤维上的杂质加速皂化、乳化反应，并具有良好的洗涤性能，对提高煮练纱（线）的白度和毛效有较好的作用。常用的渗透剂有 JFC601、净洗剂 LS 等，不同品种和牌号的渗透剂，其效果相差较大，因此各厂应根据各自的条件选用并控制其用量。

3. 煮、漂、染用水要求

煮练丝光过程中所用烧碱及各种染料的溶液等，遇硬水后，与水中的钙、镁金属离子或氯离子作用，迅速生成不溶性的钙、镁盐类或氯化物，与染料混合而沉淀。肥皂对硬水尤为敏感，不但损耗肥皂，而且造成很多脂肪酸钙盐等（钙肥皂）浮于液面、沾于棉纱形成斑渍。

沉淀物在煮练、漂白、丝光各处理过程中，很快被吸附于纱线表面，形成不规则的碱斑、黄白块、色斑、色条。由于沉淀物已失去对棉纤维的亲和力，故在洗涤、皂煮或摩擦时，发生落色现象，使色泽萎暗而浅淡，严重影响了产品质量；另外，高压锅煮练、高温高压染纱机染色都是通过液流过滤器来完成煮练练色，故煮、漂、染用水一般以软水为宜。

漂染用水最好是离子交换的软水；如果没有条件，一般可以在制备练液和染浴时，先在硬水中加入纯碱，使硬水中的钙、镁盐类能变成碳酸盐沉淀，升温后除净浮沫后应用；也有在开缸时染浴中直接加入六偏磷酸钠，因其在硬水中能与钙、镁离子结合成很稳定的可溶性络合物，封闭钙、镁离子，达到水质软化的目的，此外还能使已经生成的钙、镁离子沉淀物重新溶解，不致被吸附在纱线表面，造成色泽萎暗的染疵，六偏磷酸钠用量控制在 1g/L 左右，过多会使上染速度缓慢且色浅。

4. 纱线煮练工艺流程及技术条件

（1）工艺流程。

①卧式锅。

拆纱成卷→装车→进锅→煮练→(配液→液面除杂→进练液→升温→练液循环)→排出练液→汽蒸→锅内冲洗→出锅→锅外冲洗沥干→出车（分品种堆放）

②立式锅。

拆纱扣链→进锅→煮练（配液→液面除杂→进练液升温→练液循环）→排液→锅内冲洗→出锅（分品种堆放)→冲洗

（2）工艺技术条件（表2-18）。

表2-18　纱线煮练技术条件

纤维种类	纯棉碱煮		纯棉清水煮		涤/棉		维/棉	
设备形式	卧式	立式	卧式	立式	卧式	立式	卧式	立式
1. 工艺配方								
全浴量（m^3）								
纱容量（包）	500	560	500	500	560	560	500	560
烧碱（g/L）	8～12	12～16	—	—	1.5～4	3～6	3～6	5～6
泡化碱（g/L）	1～1.5	1～1.5	0～0.8	—	1～1.2	0～1	1～1.2	0～1.5
肥皂或渗透剂（g/L）	0.7～1	0～2	0～0.8	—	0.4～1.2	0.4～2	0.4～1	0～1
重亚硫酸钠（g/L）	0～0.7	—	—	—	—	—	—	—
2. 煮练条件								
压力（kg/cm^2）	1.5～2	1.5～2	1.5～2	无	无	无	无	无
温度（℃）	120～130	120～130	120～130	95～100	95～100	80～85	80～85	80～85
保温时间（h）	2～3.5	4～5	2～2.5	2～3	3	2～3	2～3	3
3. 汽蒸条件								
时间（h）	1～1.5	—	—	—	—	—	—	—
汽蒸压力（kg/cm^2）	2	—	—	—	—	—	—	—
4. 锅内冲洗	交替冲洗冲洗至无黄色污水即可							
5. 锅外冲洗	冷水继续冲洗纱面 pH 小于 8 即可							

5. 操作注意事项

（1）配液应掌握浴量、烧碱浓度。升温到 50℃时，应细致地将液面杂质撇净（配有软化药剂的需先加入）；当练液温度升到 60～70℃时，应略关水汀继续撇沫，此时浮沫最多；当升温到 80℃以上时，液面只有少量污沫，要勤撇，直到撇净为止。加入所需助剂，肥皂或渗透剂需在进缸前加入，并测定调整烧碱浓度，进缸时练液仍有污沫时，必须再次撇净。

（2）拆纱、装车、进锅分两种煮纱锅。

①卧式煮纱锅。拆纱成卷，绞纱数一般为每包20绞共3包~每包25绞共4包，以便于后道工序丝光、漂染、染整；计数，装纱每车180包，分四层，上下两层各40包，中间两层各50包，均呈斜竖鱼鳞式，每层松紧均匀；脚踏后的棉纱要拉起，并装成中间高、四周低的龟背形；不同品种纱支，用揽绳做好记号便于识别；一锅两个小车，进锅闭门需符合安全要求，不可忽视。

②立式煮纱锅。拆纱扣链，连成一条，棉纱进锅，中支纱中并入细支纱同锅煮练，须装在中层，进锅按煮纱锅底面积大小，从芯管一侧，链状纱由六角轮送入，绕小圆斜竖从一侧螺旋形堆置，下纱要求做到稀密均匀不重叠，接头处充分松开而平直。在下纱时从底到2/3纱层处，中央部位约30cm直径的洞眼逐渐缩小，做到洞眼上下呈宝塔状，还有1/3纱层将洞眼逐渐盖没，要求纱层中央高于四周，与锅壁靠紧不可脱空。棉纱进锅装置操作时，如棉纱下缸下得好，可使练液循环均匀，处处畅通，易于渗透；冲水时，残碱容易冲清，能防止镶丝纱和斑疵点的形成，链条扣内，不会造成白斑，因此必须松而直，不可扭曲，纱层必须层次分明，不可凌乱，链条纱排列必须均匀，中央部位稍紧，靠边宜松，最后一列紧靠锅边的成半圆形，这是防止练液走短路的重要环节。

（3）煮练。练液温度为90~95℃时进锅，锅内边升温边排气；1h后当温度升到100~105℃时关闭排气阀；当蒸汽压力升至0.5~0.7kg/cm^{2}时，分别排气两次，时间1~2min。煮练时要控制升温速度，从升温开始至达到120~125℃不少于2h，液流循环保温3h（加汽蒸1h），共5h。

必须排尽锅内空气，防止氧化纤维。有些厂加入重亚硫酸钠，也可防止氧化纤维素的产生。

①卧式煮纱锅有正、反循环，练液进缸升温第1h，每15min正反循环共4次，以后每40min正循环，20min反循环，重复进行。

②立式煮纱锅没有反循环，正循环到煮练完毕，练液进缸，首先在下面进液1/3左右，然后在上面进液2/3，使锅内棉纱上下吸碱均匀。

（4）排液。煮练结束后，利用锅内压力将残液排出到容碱池内，以待回用。

①卧式锅5~10min内排净。

②立式锅因纱层高，排液时间不少于30min。

（5）汽蒸。卧式锅排液后仍开小放液阀，进直接水汀，保持压力、温度使纱上残液沥干；立式锅一般不经汽蒸。

（6）锅内冲洗。

①卧式锅汽蒸完毕排放蒸汽至100℃以下，经过泵冲洗，用热水冲洗最好，边

冲边放残液，约 30min（冲热水排汽至 $1kg/cm^2$，即可进水）。

②立式锅排液后用水冲洗，因纱层高，冲洗时间要长，把附在纱上的杂质全部冲去。如在起锅时发现棉纱上仍有杂质存留，可一面冲洗，一面起锅，直到冲洗干净为止。

（7）出锅、锅外冲洗。

①卧式锅待锅内冲洗后略停，使水沥干，开锅门，将小车拉出轨道，于淋冲架下用自来水对锅外进一步冲洗。

②立式锅起锅，将链条各种纱支分层次、整齐堆置，注上标记，然后再用水冲洗，使锅上层与下层清洁一致。

（8）沥干出车。卧式锅经锅外冲洗后，沥干，使重量减轻，然后将棉纱取出，分品种堆放。

（9）本工艺以中支纱为例，遇煮粗支纱时，烧碱用量要增加，冲洗要加强，否则煮练效果要差些。

（10）练液脚水回用时，测定纯碱量在 3～3.5g/L 时，应换脚水，保持练液有一定澄清度。

6. 纱线煮练疵病的产生原因和防止方法（表 2-19）

表 2-19　纱线煮练疵病的产生原因和防止方法

疵病	产生原因	防止及处理方法
碱斑污斑 黄斑	1. 配练液时，撇浮沫不清	1. 配练液时，在 50～70℃升温时，不宜过快，勤撇沫，进锅前有沫仍撇
	2. 进锅堆纱不匀，造成循环不畅、精练不匀	2. 堆纱要按操作要求，稀密均匀，接头处充分松开而平直，排列均匀
	3. 局部产生死角	3. 堆纱不能有空隙
	4. 煮练结束后，未及时趁热冲洗	4. 及时冲洗
	5. 水质硬度高	5. 处理： （1）过酸 1～2g/L，常温 10min （2）表面活性剂 1～2g/L，90℃，纯碱 0.2g/L，洗 10min
锈斑	1. 设备容器有铁锈	1. 设备、容器要进行除锈、防锈处理
	2. 水汀管积水大量进入锅内	2. 水汀管使用前要排积水 处理： 用草酸 0.4～2g/L，55～60℃，15min，喷射机

续表

疵病	产生原因	防止及处理方法
生斑	加热不匀，堆纱不齐，加压过重，吃碱不透，煮练时间太短	使加热均匀、全面沸腾，注意堆纱均匀，适当延长时间 处理： （1）喷射机上回煮 （2）表面活性剂1~2g/L （3）严重者回煮时，纯碱0.2g/L，90℃，逐步升温，10min
乱纱 镶丝纱	1.堆纱太松，空隙较大，练液沸腾时，棉纱受到长期冲击	1.下纱均匀
	2.加热不匀，局部沸腾	2.导纱管孔布置均匀，不可有堵塞，导液孔、加热管布置均匀，使沸腾均匀
	3.排汽阀开得太大，练液和水气突然一起冲出，容易造成乱纱	3.排汽阀开启不要过大，压力大时要调小，压力小时可调大一些，注意调节

（二）纱线漂白基本工艺

1.概述

棉纱经煮练后，大部分杂质被除去，尚有部分含氮物质、天然色素残留在棉纤维上，漂白的目的就在于借氧化剂的氧化作用除去色素和残留杂质，进一步净化纤维，提高纱线的白度。对白度要求高的纱线，还须进行加白处理。

漂白剂有次氯酸钠和双氧水，其优点是手感柔软、不易泛黄。各地也有用漂白粉溶液来漂白的，但因含有钙质，使纱线发硬、泛黄，所以有些厂常将漂白粉溶液加纯碱制成次氯酸钠来使用。双氧水漂白，漂白效果较好，但因成本高，用于高支纱和质量要求高的产品。

常见的漂白设备有：链条式漂白机、履带式漂白机、液流式漂白机和淋漂池等。

漂白纱线质量要求如下。

（1）洁白、匀净、无污渍、斑点。

（2）无残氯。

（3）pH为7~8。

（4）强力加工系数0.96~1.00（与原纱线比）。

2.纱线漂白工艺流程及技术条件

（1）工艺流程。

①链条式漂白机。

链条状煮练纱→漂白→氧化→水洗（二次）→酸洗→水洗（三次）→中和脱氯→水洗→拆链→脱水

②履带式漂白机。

套纱→漂白→氧化→水洗→沥干→酸洗→沥干→脱氯→水洗→沥干→水洗→沥干→加白→落纱→脱水

③液流漂白机。

挂纱→漂白→透风氧化→水洗（二次）→酸洗→水洗（二次）→酸洗→水洗（二次）→脱氯→水洗（二次）

（2）工艺技术条件（表2-20）。

表2-20　漂白工艺技术条件

工艺	内容	链条	履带	液流
漂白	有效氯浓度（g/L）	1.3~1.8	1.2~1.4	1.3~1.6
	pH	9~10	9~10	10~11
	温度	室温（不超30℃）	室温（不超30℃）	室温（不超30℃）
	时间（min）	20~30	8	80
氧化	时间（min）	30	33	25
酸洗	硫酸浓度（g/L）	2.5~3	1.5~2	1.5~1.6
	温度	室温（不超30℃）	室温（不超30℃）	室温（不超30℃）
	时间（min）	15~20	同左	10
脱氧	大苏打浓度（g/L）	0.8~1	1~1.5	0.3
	纯碱浓度（g/L）	1.2~1.4	1~1.5	0.3
	温度	室温（不超30℃）	同左	35~40℃
	时间（min）	15~20	3	3
速度	—	1包/min	1~1.3包/min	每锅90包/min
链条漂：下机洗水拆链，在喷射机上进行加白，用量为VBL加白剂4~7g/包；履带漂：在履带机上连续进行加白，用量为VBL加白剂4~7g/包				

3. 操作注意事项

（1）链条式漂白棉纱入漂时，由六角轮下槽浸浴纱量，应保持均衡，在浸漂和酸洗池须安装松结机松口，以解决链结处酸洗不透的问题。

（2）漂白设备的运行应防止逃纱、乱纱产生，防止油污渍和锈渍的沾污。

（3）根据浓漂液、浓硫酸液、浓大苏打液、浓纯碱液的浓度及纱线运行速度自动适量进入各有关池中，在添加过程中，严禁各种浓液浇着棉纱。

（4）漂白时应防止日光直射漂白液，否则易引起迅速分解，使棉纤维受到损伤。

（5）纱线经过规定时间漂白、透风氧化以后，应立即进行水洗、酸洗，否则易引起棉纱脆化，如遇机器停顿时间较长，对漂、酸池内的纱线要进行适当处理。

（6）每次续加槽内加用的浓漂液必须澄清，尤其是次氯酸钙漂液，必须在杂质充分沉淀后取用上面的澄清液，否则漂液中钙质残留在纱线上，易引起泛黄、手感粗糙等弊病。

（7）严格控制漂液中pH，当pH为7时，氧化最激烈，此时有效氯迅速消耗导致纱线强力损伤大，漂液pH可定时用酚酞指示剂检查，当呈紫红色（pH为8.3~10）时为正常。

（8）纱线漂白后，要经过淋洗，充分去除残余漂液，防止次氯酸钠进一步分解引起纱脆化。

（9）酸洗后纱线必须充分水洗，并进行酸脱氯，以防止损伤棉纱和日久后纱线泛黄。

4. 纱线漂白疵病产生原因和防止方法（表2-21）

表2-21　纱线漂白疵病产生原因和防止方法

疵病	产生原因	防止方法
锈渍 油污渍	与棉纱接触的设备和工具沾有锈渍和油污渍	使用的设备和工具与棉纱都要有塑料薄板隔离，三角辊头要揩过 方法： 锈渍用2g/L草酸液洗，油污渍用肥皂洗
漂白纱不白、色暗、有流条	1. 漂白坯纱线带碱量高	1. 煮练纱水洗除碱要净
	2. 漂液pH过高	2. 漂液pH控制在7~8
	3. 漂液浓度过低，氧化不足	3. 次氯酸钠浓漂液如含氯量低、含碱量高则不能用。勤查含氯量，调整浓度，控制pH到规定范围
白度不匀	1. 漂白坯纱有黄白斑	1. 提高煮练效果，加强煮练纱冲洗去除碱斑
	2. 漂液pH过高	2. 提高漂液浓度，控制pH不要偏高
	3. 漂液浓度过低，氧化不足	3. 酸洗液浓度稍高，加强水洗
残氯 残酸	1. 脱氯不净不匀	1. 调整大苏打用量，脱氯要均匀
	2. 酸洗中和不净不匀	2. 酸洗要净要匀，调整中和纯碱量

（三）纱线丝光基本工艺

1. 概述

丝光是棉纱经过煮练后在张紧状态下用浓烧碱液处理，使纤维发生膨化，天然扭曲消失而变得平直，截面也由扁平状变成圆形，纤维排列更加整齐，对光线的反射更有规律。因而提高了纱线的光泽。经丝光处理的纱线除具有丝一样的光泽外，其染料上染率也有显著增加，光洁度和色泽鲜艳度都得到优化。

（1）影响丝光效果的因素。

①碱液浓度。碱液浓度是影响丝光效果的主要因素，当碱液浓度在 105g/L 以下时，无丝光作用；超过 105g/L 时，纤维收缩显著增加；到 134g/L 时，纤维收缩迅速退黏；到 177g/L 时，纤维开始膨化，起丝光作用；到 240～280g/L 时，纤维收缩、膨化已趋稳定，若碱液浓度再增高，除上染率稍有提高外，丝光效果并无明显改善，所以，丝光碱液浓度一般以 240～280g/L 为宜。

②碱液纯度。丝光碱液含杂的多少，对丝光效果也有一定影响。如果纱线含杂较多，而棉纤维素杂质溶解在碱液中或碱液中盐类的增多，将造成碱液黏度增高，从而影响对纱线的渗透和纤维的膨化，则影响丝光效果，特别是淡碱浓缩回用的碱液。因此丝光用碱含杂要有一定的控制，一般纯碱量不大于 15g/L，氯化物不大于 20g/L。

③温度。在温度较高的情况下，碱分子化合物水解速度的增加，大于形成碱纤维素速度的增加，所以碱液温度高对丝光不利，低温时对丝光较好，但温度过低会影响碱液渗透。因此在室温 25℃左右丝光即可。

④浸碱时间。浸碱时间与碱液浓度有关，光泽在一定条件下和碱液浓度与浸碱时间成正比，而光泽与温度成反比。纱线丝光浸碱时间一般为 100～120s，如果碱液浓度较低，则需适当延长浸碱时间。

⑤张力。丝光张力的大小与光泽成正比，而与染色性能成反比，轴向张力越大，纱线截面收缩率也随之增加。因此确定丝光张力大小，要兼顾光泽、染色性能、缩率之间的关系。

⑥去碱程度。纱线丝光后去碱，对丝光定形作用等影响很大，碱去不净，张力放松后仍要收缩，所以必须在张力情况下，用 40～50℃温水（冬天）冲淋去碱和下机后多次冲洗去碱，以达到下机带碱 2%以下的去碱要求。

（2）丝光质量要求。

①丝光钡值 140～160。

②纱线框长 131～133cm（丝光后脱干测长）。

③丝光后纱线 pH 为 7～8，丝光程度均匀一致，无丝光花，强力加工系数不低于 0.98（与原纱比）。

2. 纱线丝光工艺流程及技术条件

（1）工艺流程。

①MZ143 丝光机。

脱水→棚纱→丝光｛套纱→进碱→浸碱→轧碱→冲头道［淡碱→轧碱→冲二道（清水）→轧干→落纱］｝→淋冲→酸洗→淋冲→水洗→脱水

②MM-6丝光机（瑞士四辊筒）。

脱水→上纱→丝光（浸碱→轧碱→冲头道→冲二道水→冲三道水→轧干）→下纱→中和→脱水

（2）工艺技术条件（表2-22）。

表2-22　丝光工艺技术条件

工艺	内容	MZ143A	MM-6
脱水	含水率	55%~56%	55%~65%
棚纱	按套纱量理匀棚直	3/20~4/25包/双辊筒	$1\frac{1}{3}$~$1\frac{1}{2}$包/双辊筒
丝光		宽48cm	厚薄稀密均匀满轴
	进碱浓度	260~270g/L	260~270g/L
	进碱时间	30s	
	进碱数量	12升/盘	
	浸碱	120s	120s
	轧碱	40s	轧碱
	冲头道（淡碱水）	60s	冲头道
	轧碱	5min	轧碱
	冲二道（清水）	50s	冲二道
	轧干	15s	轧干
	收辊停车落纱套纱	36s	下纱
	总时间	360s	300s
淋冲	软水	去碱	
酸洗	硫酸	3g/L±0.5g/L	
淋冲	软水	去酸至pH为6.5~7	
水洗		再洗一次成卷	
脱干	脱干进烘机 或待漂染加工	60%	70%

3. 操作注意事项

（1）脱水后棉纱含水率要保持一致，特别是清水煮练纱，要防止风干，用湿布盖好。

（2）棚纱如遇大扎绞线过紧，可将扎绞线拉去。

（3）丝光时，套纱要平，稀密要均匀，浸碱时棉纱不可露出碱液面。碱液浓度、温度、含杂要控制一致，冲水管眼孔不可堵塞，洒冲水量要均匀。

（4）丝光下机后应及时淋冲，将碱去除干净，防止纱线收缩。

（5）酸中和水洗要彻底，纱上含碱要中和净，不可有带酸现象。

4. 纱线丝光疵病产生原因和防止方法（表2–23）

表2–23　纱线丝光疵病产生原因和防止方法

疵病	产生原因	防止办法
白点 白条花	1. 酸洗时浓度太大，酸洗后未彻底洗清，产生水介纤维素	1. 酸的浓度要适当，酸洗后应充分水洗，并应用酸度指示剂检查
	2. 轧绞线过紧，浸碱不匀不透	2. 遇有过紧的扎绞线，可拉断重扎
	3. 死棉混纺的纱线	3. 最好是专用纱
黑条花	丝光前或丝光时纱线断头，致丝光时有张力，染色时吸色深	各工序尽量减少断头，丝光或络纱工序遇到断头的纱线必须拉去若干厘米的纱
色不匀	1. 丝光前纱线含水率不匀，脱水后久放局部风干	1. 丝光前纱线脱水要匀，防止风干，用布盖好
	2. 纱线丝光时框口长短不一致	2. 丝光时纱线框长要一致，下机的纱线应立即水洗、酸洗，以防止纱线收缩
	3. 纱线条干与捻度不均匀	3. 最好是专用纱
	4. 煮练后未经彻底水洗，残碱风干，造成局部丝光	4. 煮练后的纱线要彻底水洗
	5. 丝光时纱线套在辊筒上不平不匀	5. 纱线铺在辊筒上要均匀，不可重叠
一般丝光花	1. 煮练不匀不透，脱脂不良，煮练后脱碱水洗不净，毛细管效应差	1. 煮练时，锅内堆纱线要松紧一致，除烧碱外，另加乳化剂、渗透剂
	2. 冬季丝光时碱盘温度过低	2. 冬季碱盘温度应保持在25℃左右
	3. 酸洗中和不彻底或冬季温度太低	3. 中和要彻底，冬季温度应保持在25~30℃
	4. 丝光时，纱线露出碱液	4. 调整碱盘与纱面平行度，控制浸碱深度
手感发硬	1. 煮练纱毛效率低，清洗不充分	1. 提高煮练、清洗效果
	2. 上酸前带碱重，酸洗不均匀，淋冲不善	2. 充分水洗去碱，上酸均匀，水洗要净
	3. 烘前含水率过高	3. 烘前控制含水率一致
	4. 所用水的硬度较高	4. 使用软水洗涤

（四）染色工序

1. 分散染料染色常见疵病产生原因及防止方法（表 2-24）

表 2-24　分散染料染色常见疵病产生原因及防止方法

疵病	产生原因	防止办法
深色色花	1. 纱线装笼操作不当，局部过紧，染液循环不透，造成局部色淡	1. 装笼一定要将纱抖松，投放匀整，不断移位
	2. 在温控范围内升温过快，由于染料上染快造成不均匀染色	2. 严格控制升温速度
	3. 机械故障，如皮带过松，导致染液循环扬程低，染液接触纱线不均匀	3. 经常检查皮带是否松脱
	4. 染料用量太少时，而没有配合加用适量助剂，个别染料上染快，移染性差，造成色花	4. 合理拼用染料和选用助剂
色泽萎暗	1. 醋酸用量不足或纱线、染浴 pH 较高造成部分染料水解	1. 严格按工艺规定加用醋酸，控制 pH
	2. 设备沾污	2. 加强设备的清洁工作
白节浅块	1. 装笼时局部纱线被笼盖或纱笼轧牢	1. 染前加强检查，发现问题及时纠正
	2. 染液循环不畅	2. 定期检查纱笼泵体中心管的清洁工作
色斑	1. 化料不当，使染料凝聚成大颗粒，如温度过高或浴比过小，造成染料扩散不充分，使染液循环时大颗粒染料过滤到纱线上形成色斑	1. 格按工艺规定化料
	2. 染料质量差，本身颗粒过大，影响扩散性能	2. 加强对染料的进厂检查，对不合格染料禁止使用或使用前加强染料研磨
	3. 染浴中选用助剂不当，如有些非离子型匀染剂浊点较低（低于染浴温度），在高温时使染料的分散液受到破坏而形成有黏性的胶状物沉积在纤维表面形成色点	3. 合理选用助剂
	4. 个别染料对水质比较敏感，如遇硬水产生色淀	4. 使用软水染色
	5. 设备不干净，循环管道中染料污垢脱落沾到纱线上	5. 加强设备的清洁工作

2. 还原染料染色常见疵病产生原因及防止方法（表 2-25）

表 2-25　还原染料染色常见疵病产生原因及防止方法

疵病	产生原因	防止方法
深斑	1. 还原剂用量过少，染液还原力不足，部分染料尚未完全转变为隐色体钠盐，致使染料颗粒沉积于纱线表面，经氧化后形成深斑	1. 严格按照工艺配方和工艺上车制进行工作，开缸时必须测定染浴中保险粉的浓度，达到要求后才能下锅进行染色
	2. 每包纱的染料用量过多，色泽深浓、干缸水量太少，同样使部分染料没有全部转变成隐色体钠盐，导致染料颗粒吸附于纱线表面，经氧化后形成深斑	2. 还原染料干缸要完全，保险粉加入量及其成分事先须掌握，按规定控制下锅干缸、温度及时间
	3. 染色后处理不清（如酸洗、水洗等），致使部分染料残留于纱线表面，经氧化后形成局部深斑	3. 后处理酸洗、水洗必须充分，待隐色体在纱线上全部氧化发色以后才可进行皂煮
	4. 染色时每次补充的浓烧碱直接溅在纱上，使染料被纤维过量吸收，形成明显的深斑	4. 浓碱加入染浴时，不能直接接触纱线
浅斑	1. 局部纱线煮练不透，毛细管效应差，染液渗透和扩散的效果不良，吸色浅而形成浅斑	1. 严格按工艺操作规程配制炼液，及时测定烧碱的浓度，严格执行操作规程
	2. 由于原棉成熟度不好或棉脂、蜡质去除不净，影响对染料的吸收，甚至死棉不上色，因而产生浅斑	2. 原棉成熟度较差，尤其是对于“剥桃棉”应适当提高煮练液中烧碱的浓度
	3. 漂底纱沾上浓漂水，造成局部氧化纤维素，得色率低产生浅斑	3. 凡浅色需要漂底的品种，在加漂液或硫酸时，严防与纱线接触，以防止形成水解纤维素或氧化纤维素
条花	1. 染色后隐色体尚未全部氧化发色即进行皂洗，致使部分隐色体钠盐转化为隐色酸，失去与纤维结合的能力，而溶落于水中	1. 后处理皂煮，必须待隐色体全部氧化变色后方能进行
	2. 染色浴比小，浓度过高，使部分染料溶解不良形成色淀，沾污纱线表面，造成条花	2. 按工艺操作规定进行操作

续表

疵病	产生原因	防止方法
条花	3. 染色时间短，染料分子没有及时向纱线内层渗透和扩散，产生表面染色而成条状色花	3. 个别染料如 R 杆揽、BG 灰等酰胺基结构的品种更需注意烧碱保险粉的用量和干缸染色的温度，防止工艺条件掌握不当引起水解，产生色皮和条花
	4. 干缸温度有高低，时间不一致，形成过度还原或还原不足，染色时发现色皮和条花	4. 拼色所用的染料，必须认真选择，上染率和染色性能相似的染料进行配色
	5. 染色用水硬度高，钙、镁等金属离子和氯离子易对敏感性强的染料产生影响，出现凝聚淀析等现象，以致染后产生色花疵病	5. 染色用水以软化为宜，避免钙、镁等金属离子和氯离子的干扰

3. 不溶性偶氮染料染色常见疵病产生原因及防止方法（表 2-26）

表 2-26　不溶性偶氮染料染色常见疵病产生原因及防止方法

疵病	产生原因	防止方法
色花 条花 色浅 色块 白渍	1. 打底时纱上直接受到日光或强烈灯光的照射导致色酚钠盐局部分解，显色后产生的条花	1. 打底时必须避免日光或强烈灯光的直射，周围窗户应有遮帘
	2. 打底后纱表面沾上清水、汗水、助剂、酸气等，因而使色酚钠盐水解显色后造成白点、白块	2. 打底纱应与重氮化场地远离，盐酸罐堆放亦须远离，打底车间防止氯化氢气体对打底剂的干扰，防止汗水、助剂、清水沾着
	3. 打底纱长时间暴露于空气中受到碳酸气（CO_2）的影响，使部分色酚钠盐水解，显色后产生白花	3. 打底纱脱水后必须随即进行显色，不在空气中长久搁放
	4. 白纱小绞料过大，打底液容易渗透，显色后产生包芯花	4. 打底前白纱盘松理直，然后套在染纱棒上
	5. 打底显色套白纱时发生重叠，造成打底不均匀，显色后产生条花	5. 纱线染色时在染纱棒上摊平，不使其重叠
	6. 打底液游离碱含量过低，显色后出现条花	6. 打底前必须先测定游离烧碱的浓度，符合工艺要求后才能开车
	7. 打底纱脱水后含水率过低，显色后造成色浅条花	7. 控制打底纱的脱水含水率，做到前后一致
	8. 打底剂拼色不合理，色酚的直接性不一致，显色后容易发生条花色块	8. 打底剂的拼色，力求合理选择相容性好的色酚拼色

续表

疵病	产生原因	防止方法
色差	1. 打底剂溶液和显色基重氮化不完全，出现混浊或絮状物质，产生色花色差	1. 色酚溶化时所用烧碱的浓度和数量要正确，以及沸煮后使打底剂液澄清，色基重氮化关键是盐酸及亚硝酸钠用量正确，液温不超过工艺规定
	2. 打底和显色的头缸加成不准确，出现色差	2. 头缸加成应调整正确
	3. 清水开缸液位前后不一致，打底显色后产生色差	3. 开缸时严格控制打底缸液位，保持缸与缸一致
沾色	1. 染纱机、脱水机等设备劳动保护用品（围身布、手套）未做清洁工作	1. 染色品种更换时，机械设备围身布、手套等劳动保护用品要洗干净
	2. 深浅品种混杂堆放	2. 深浅品种应分开堆放
	3. 脱水机盖布深浅色品种未分开	3. 脱水机盖布或包布按深浅品种分开
色牢度差	1. 煮练纱的毛细管效应低、吸液率差，造成表面偶合	1. 加强纱线的煮练效果，提高毛细管效应
	2. 白纱和打底纱的含液率太高	2. 严格控制白纱和打底纱的含液率
	3. 打底剂及显色基的拼色不当，或溶解色酚与色基重氮化工艺操作不完善	3. 选择相容性近似的打底剂和显色基拼色，充分控制打底剂和色基的重氮化
	4. 显色液 pH 过高或显色液温度太高	4. 控制显色液的 pH 和温度
	5. 显色后水洗不净或皂煮后水洗不清	5. 显色后和皂煮后的色纱必须加强水洗，除去浮色
	6. 皂煮浓度低，工艺操作不当	6. 严格掌握皂液浓度，严格执行工艺
	7. 深色品种，色酚的选择及用量不当	7. 合理选择色酚及控制用量

4. 硫化染料染色常见疵病产生原因及防止方法（表 2-27）

表 2-27　硫化染料染色常见疵病产生原因及防止方法

疵病	产生原因	防止方法
红筋红斑	1. 该类染料色泽深浓，用量大，如染料溶解不充分，染料颗粒附着在纱线上，氧化后形成红筋、红斑	1. 严格按化料规定进行染料溶解

续表

疵病	产生原因	防止方法
红筋 红斑	2. 染浴中硫化碱不稳定，还原力低下，易造成染料早期氧化而形成红筋、红斑	2. 加强染浴硫化碱含量测定，不符合工艺规定时要及时调整
	3. 操作不当、机械故障或染后处理不及时，纱线在空气中暴露时间过长造成早期氧化	3. 认真执行工艺操作，加强设备维修保养
	4. 煮练纱上有斑渍、疵点，染后有局部发红现象	4. 加强坯纱质量把关，有斑渍的纱染前要处理净
白节	1. 染前纱风干	1. 计划安排要前后工序衔接，脱水做到控制染前含水率，少脱勤脱，脱水后用湿布盖好
	2. 操作不当，纱在染前被压杆或笼盖压住造成局部未上染	2. 加强检查，发现问题及时处理
色泽 萎暗	1. 拼有红棕 B3R 的品种染后酸洗不充分，色光发挥不完全	1. 醋酸加量要准确
	2. 染浴硫化碱含量不足	2. 加强测定
	3. 红棕 B3R 化料时间过长或放置时间过长造成染料红光消失	3. 严格掌握化料时间

5. 活性染料染色常见疵病产生原因及防止方法（表 2-28）

表 2-28　活性染料染色常见疵病产生原因及防止方法

疵病	产生原因	防止方法
色差	1. 活性染料易水解，普通型染料的水解稳定性尤其差，因此当染料溶解后放置时间不一致，染料的水解程度不同将导致色差	1. 染料溶解后放置时间要按规定严格控制
	2. 化料用水不清洁，如混入矿物质、还原性物质将导致染料部分水解破坏，而形成色差	2. 化料用水要加强管理，最好使用专用水槽
	3. 一浴法染色如中途出现故障造成停车 30min 以上时，如继续接残液染色就会出现色差	3. 染色中途发现较长时间停车，要待故障消除后，重新配制头缸染浴进行染色，不可利用残液

续表

疵病	产生原因	防止方法
色差	4. 部分活性染料耐水洗牢度较差，如后处理条件掌握不一致会出现槽次之间色差；促染剂、固色用碱剂加入数量不准或工艺条件掌握不准也均会造成色差	4. 严格掌握工艺条件，按技术操作要求执行
风印	部分活性染料对碱剂很敏感，染色后纱线在湿状态时，放置时间较长，与空气接触部位易产生色变，如活性青天莲 2R、活性艳红 3B 出现黄色斑，活性翠蓝 KN-G，将出现深蓝色斑等	1. 染色后色纱要及时后处理，及时烘干
		2. 可在后处理皂洗中采用中性肥皂或最后一道采用 98%醋酸 1mL/L 对色纱进行处理
		3. 发生风印可及时进行热水洗去除

6. 阳离子染料（腈纶、涤腈）常见疵病产生原因及防止方法（表 2-29）

表 2-29　阳离子染料常见疵病产生原因及防止方法

疵病	产生原因	防止方法
色差色疵	1. 染浴水位缸与缸之间不一致	1. 染浴水位缸与缸之间要正确一致
	2. 染色设备沾污，泵叶、中心管、加热管结垢，筒体纱笼眼堵塞造成流量降低、循环压力小、加热速度缓慢，沾污色纱产生浅节锅差、黑圈等疵点	2. 染缸纱笼等用具要定期清洗，涤/腈染色温度控制要严格，温度计要经常校验，对一些不正确的温度要及时拆换或修理，避免出意外事故，在无法避免的温差上尽量做到控温保温一致
	3. 化料用铁桶，造成色光异变	3. 化料工具严禁使用铁器
	4. pH 对色光有明显影响	4. 严格掌握缸与缸之间的 pH，在工艺范围内，阳离子染料中浅色一般 pH 为 3～4，深色 4～5。敏感性较强的分散性染料 pH 控制在 4～5，如分散藏青 2GL、分散黄 SF-6GFL、地斯潘素等 2B 黑
	5. 纱笼未对准中心管，纱笼两边环头螺丝未旋紧，产生染后乱纱、浅节纱	5. 装纱时观察纱笼是否对准中心管，防止偏斜，纱笼两边环头螺丝要旋紧，防止滑脱，笼盖须平整，旋紧螺丝，笼子底部无空隙，避免乱纱和浅节纱；每份纱要抖松，装纱应均匀，防止纱支混杂，采取移位装纱

7. 高温高压筒子纱染色常见疵病产生原因及防止方法（表2-30）

表2-30 高温高压筒子纱染色常见疵病产生原因及防止方法

疵病	产生原因	防止方法
纱线脱壳	1. 为了使筒子纱内外层色差缩小，在络筒时张力放松，络成筒子后不锈钢筒管容易脱落造成乱纱	严格掌握络筒时间的张力卷和压片的重量，前后重量根据筒子的纱层厚薄适当调节
	2. 内层纱卷绕紧，外层纱卷绕松，密度不均匀，外层纱受液流冲击易乱，造成脱壳	
筒子内外层色差：内浅外深或内深外浅	1. 筒染液流正反循环时间不合理，对色泽匀染有较大的影响，正循环时间长容易产生内外层色差	1. 调节正反循环，对改善色差有利
	2. 拼色染料选用不当造成筒子纱内外层色差	2. 选用扩散性和亲和力性质相同的染料拼色
	3. 还原染料染色后，内外层早期氧化	3. 染后用强酸中和残余的烧碱，使染液保持隐色的状态，然后加强水洗使内外层同时缓慢氧化可避免内外层色差
	4. 涤/黏、涤/棉在高温高压条件下，剧烈收缩，内层纱受压迫，产生“极光”，得色浅	4. 染前采取筒纱预缩定型
缸与缸之间的色差	pH对色光和深浅有明显影响	严格掌握缸与缸之间pH的一致性，一般pH为5~6。一些对碱度敏感性较强的染料，pH控制在4.5~5，如福隆S-2GL青，福隆SE-6GFL黄、地斯潘素黑D-2B等
靠筒管处深眼、污眼、外层污皮	深眼、污眼、污皮系染后水洗不清造成	在水洗过程中加入适量的小苏打，使水浴保持一定的碱量，保险粉分解缓慢些，可防止深眼、污眼、污皮
色花白斑	选用还原染料时，由于染料初染速度高而黏胶纤维瞬染性比较强，造成初染速度快，不能达到匀染效果，造成色花、白斑	1. 选用适当的缓染剂，并增加缓染剂的用量
		2. 提高部分染料的染色温度，如R桃红、GCN黄、FFB绿等

（五）纱线上浆基本工艺

1. 概述

棉纱为了适应织造加工的需要，必须借助黏着剂的功能，使表面被覆一层均匀的保护薄膜，使毛绒贴伏，条干光洁，摩擦系数降低，从而增强棉纱的耐磨能力，黏着剂同时填充了纤维间部分空隙，使纤维抱合，不易滑动疏松，增加张力，伸长减小，还起着黏固表层薄膜的基础作用，使表面薄膜不易剥落，保证了耐磨性能的持久性。

浆液的黏度对纱线的被覆渗透有很大的影响，黏度过大的浆液很难渗入棉纱束内层，只能形成表面上浆，浆膜与纤维黏着力差，易剥落；黏度过低的浆液，会使纤维间空隙填充得很满，大量纤维被胶结以致失去弹性，伸长性能降低或消失，致使塑性变形时经受不住弯曲、冲击而出现发脆断头。因此适当控制浆液黏度对上浆纱线的披复与渗透间的比例，是掌握浆纱质量的重要环节。

各种浆料及助剂的性能如下。

（1）小麦淀粉。淀粉是多糖类的碳水化合物，小麦淀粉浆液黏度的热稳定性能好，成膜性和渗透性均较好，黏着力较强，浆纱质量较好。

（2）橡子粉。橡子粉浆液质量与橡仁产地和加工工艺有密切关系，浆液耐煮黏度稳定，渗透性好，黏着力较强，但浆膜较粗硬，弹性不佳，上浆率不宜过高，以免手感粗糙。浆液中一般不加分解剂。正确掌握糊化温度，使浆液黏度稳定适宜，可在棉纱上达到良好的浆纱效果。

（3）聚乙烯醇（PVA）。聚乙烯醇在水中易结团块，制糊必须有较高的水温和强力的搅拌，才能加速溶解完全。水溶液稳定性性良好，溶液的成膜性良好，浆膜透明，浆膜的拉伸、断裂、耐磨强度均优良。

（4）碱剂。对淀粉类浆料，除调浆过程中的加热和搅抖机的机械裂解作用外，尚需加入碱剂，促使淀粉分子膨化（表2-31）。常用的有泡化碱、烧碱，同时还起调节浆液 pH 的作用。

表2-31　不同类型淀粉膨化温度

淀粉名称	糊化温度		
	开始膨胀	开始糊化	糊化终止
小麦淀粉	50℃	60℃	85℃
橡子淀粉	60℃	70℃	90℃

（5）减摩剂。一般均用滑石粉。

（6）柔软剂。具有使浆膜柔韧、防止浆纱硬脆的作用，并能起减摩及渗透作用，使用不宜过量，常用的有动植物油脂、浆纱膏等。

（7）防腐剂。主要防止纱线在储存过程中发霉，也可防止浆的变质，常用的有二萘酚、氯化锌、甲醛等，均有一定毒性，需溶后加入浆液。

2. 上浆工艺流程及技术条件

（1）工艺流程。

纱线脱水→理纱→上浆→落纱→脱水→松纱→烘干

（2）工艺技术条件。

①浆前棉纱含水率60%~70%，每包公制纱重为8~8.5kg。

②上浆配方及工艺条件（表2-32）。

表2-32 上浆配方及工艺条件

浆纱品种	浆料		泡化碱 40°Be	浆纱膏	渗透剂	乙萘酚	PVA（g/包）	上浆条件	
	名称	用量（g/包）						温度	pH
本白 普白	50% 橡子粉	685	10g/包	40g/包	7mL/包	2g/包	45	60℃	7~8
色纱	50% 橡子粉	625	10g/包	40g/包	7mL/包	2g/包	45	50~60	7~8.5
特种（粗支）	干淀粉	250	10g/包	40g/包	—	2g/包	—	80~95	7~8.5
特种（细支）	干淀粉	300~350	10g/包	40g/包	—	2g/包	—	80~95	7~8.5

注　吸浆时间为30s左右。

3. 操作注意事项

（1）冲浆方法。

①小麦淀粉的溶化。将干淀粉倒入槽内，用1∶10的凉水搅匀，加入动、植物油，再加热水冲淡至规定量，升温至85℃±1℃为糊化终点，急关汽门，保温3~4min，加温水降温至70~75℃。

②橡子粉的溶化。橡子粉入水浸泡升温至95℃，时间20~30min。

③聚乙烯醇的溶化。用1∶10的凉水凉泡，开小汽门高速搅拌直至完全溶解不含颗粒为止。

（2）浆纱。

①上浆前要理清摊平，防止重叠，发现乱纱要理直。

②开清缸一定要先放水（橡子粉上浆规定加清水2/3、浆液1/3；淀粉上浆规定加清水1/3、浆液2/3），然后加入规定浆液。

③上浆温度掌握好，淀粉上浆45~50℃，橡子粉、PVA上浆55~60℃，不到规定温度不得投浆。

④浆槽温度始终保持在规定范围内，pH 始终保持在 7~8.5。

(3) 纱要求分支理清、摊平、盘松，浆后脱水含水率为 75%~80%，做到随浆随脱水、随松浆。

(4) 质量要求。

①无浆斑及浆骨头。

②同批浆纱内无脱浆情况。

③无沾污、搭色、脱断纱、乱纱。

④上浆率要求根据织造品种要求而定，一般不低于 4%。

(六) 烘整基本工艺

1. 概述

晾纱整卷是漂染过程的最后一个工序，为使成品质量优良、用户满意，必须严格执行工艺操作制度和倒检查制度，严把质量关。

2. 烘整工艺流程及技术条件

(1) 晾纱工艺流程及技术条件。

①工艺流程。

上竿→盘松→碰挺→烘燥

②工艺技术条件。

(a) 烘前棉纱含水率：

无光漂白、本白含水率 49%，要求每包纱重 7.45kg 以下；

丝光漂白、本白含水率 54%，要求每包纱重 7.7kg 以下；

无光元色含水率 53%~55%，要求每包纱重 7.65~7.75kg；

丝光元色含水率 53%~56%，要求每包纱重 7.7~7.8kg；

丝光色纱含水率 54%，要求每包纱重 7.7kg 以下；

无光浅、中色含水率 49%，要求每包纱重 7.45kg 以下；

无光深色含水率 50%，要求每包纱重 7.5kg 以下；

涤/棉色纱含水率 27%，要求每包纱重 6.35kg 以下；

中长色纱含水率 32%，要求每包纱重 6.6kg 以下。

(b) 烘干机蒸汽压力：

化纤 3~3.5kg/cm^2；纯棉 3.5~4kg/cm^2。

(2) 卷纱工艺流程及技术条件。

①工艺流程。

落纱→盘理→卷块→打捆→成包

②工艺技术条件（表 2-33）。

表 2-33 卷纱工艺流程技术条件

<table>
<tr><td>每包成块数（块）</td><td colspan="9">特数（英支数）</td></tr>
<tr><td rowspan="2">5</td><td colspan="9">13tex</td></tr>
<tr><td colspan="9">45 英支</td></tr>
<tr><td rowspan="2">6</td><td>96tex</td><td>58tex</td><td>29tex</td><td>21tex</td><td>17tex</td><td>14. 5tex</td><td>10tex</td><td>7. 5tex</td><td>6tex</td></tr>
<tr><td>6 英支</td><td>10 英支</td><td>20 英支</td><td>28 英支</td><td>34 英支</td><td>40 英支</td><td>60 英支</td><td>80 英支</td><td>100 英支</td></tr>
<tr><td rowspan="2">7</td><td colspan="2">42tex</td><td colspan="2">28tex</td><td colspan="2">19. 5tex</td><td colspan="3">14tex</td></tr>
<tr><td colspan="2">14 英支</td><td colspan="2">21 英支</td><td colspan="2">30 英支</td><td colspan="3">42 英支</td></tr>
<tr><td rowspan="2">8</td><td colspan="2">72tex</td><td colspan="2">48tex</td><td colspan="2">36tex</td><td colspan="3">18tex</td></tr>
<tr><td colspan="2">8 英支</td><td colspan="2">12 英支</td><td colspan="2">16 英支</td><td colspan="3">32 英支</td></tr>
</table>

3. 操作注意事项

（1）晾纱操作注意事项。

①晾纱时要做到槽次分清，每包要对牢，不出鸳鸯包。

②晾纱要求如下。

（a）大扎绞全部要向下，防止风速过大，导致乱纱。

（b）保证烘燥干潮要均匀，晾纱竿上无重叠、无稀缝，两头各空 10~15cm。

（c）晾纱支数要点清，碰挺碰直有声音。

（d）每包纱要贴工号证，贴在第二支大扎绞线上。

（e）搁上烘机，对好包，防止搁错一竿，形成鸳鸯（色差）包。

（2）卷纱操作注意事项。

①卷纱成包时，每包对牢，不出鸳鸯（色差）包。

②卷纱要求：

（a）盘松理直，不少于一圈，有疵点要纠正，如色花色差、绉乱纱、镶丝纱、搭色、沾污、白渍以及三根断头以上集中在一起。

（b）大块卷两圈（5~7 块），小块卷三圈（8 块）。

（c）卷块要卷得紧，打包要扎得紧。

③打包浅色纱和漂白纱，落纱一头搁纱棒要揩清。

④每包纱上要放工号证。

4. 工艺要求注意事项

（1）优先烘干品种。

①漂白纱。包括本漂、本漂加白、光漂、光漂加白等。

②浆纱。包括本大浆、漂白大浆、加白大浆和各种色纱大浆。

③活性色纱。

④浅色纱。

（2）漂白烘干要求。

①不准关车（关车要泛黄）。

②不准与化纤双浴品种、不溶性偶氮染料染色品种及硫化酸处理品种一起进培烘室（防止升华沾色、泛黄）。

③不准用晾过偶氮染料（纳夫妥）染色沙纱棒晾漂白纱（以防沾色）。

（3）硫化染纱进烘干机不超过24h。

5. 质量要求

（1）无鸳鸯色。

（2）无沾污、搭色和白渍纱。

（3）无断纱、绉乱纱和镶丝纱。

（4）潮纱、湿纱不成包。

（5）堆放漂白和浅色纱的车要揩干净。

二、筒子的质量控制

筒子的质量好坏直接影响下道工序整理的质量，它的影响因素主要包括设备、工艺和操作。

（一）影响质量的因素

（1）设备。定期检查设备，如纱框、导纱杆是否完好；槽筒是否光滑、完好等。

（2）工艺。每半月检查一次工艺执行情况，如张力、导纱应力程、清纱器隔距等。

（3）操作。

①接头不符合规定时，包括大结头、结头太松、纱尾太短或太长等，在织布时会造成脆结，开口不清，增加经纱断头和产生吊经等疵点。

②对于色织筒子，经先选纱以避免有色差的纱线络在一个筒子上，从而使产品出现色差现象。

③筒子的大小要一致。

（二）质量检验

（1）筒子是否有油污。

（2）筒子软硬是否适中。

（3）是否菊花芯筒子。

（4）直径是否符合工艺标准。

（5）成形是否良好。

三、纬穗的质量控制

（一）影响质量的因素

（1）设备。导纱钩是否完好。

（2）工艺。张力、速度、导纱动程、开头距离、备纱长度是否适中。

（3）操作。注意结头大小，如结头太大，对布面有影响；结头太小易脱纱，飞花附着，阻塞梭眼，造成断纬、双纱、稀纬等。

（二）质量检验

（1）纬穗是否有油污。

（2）成形是否良好。

（3）备纱是否有升头。

（4）软硬是否适中。

（5）直径是否符合工艺标准。

四、经轴和织轴的质量控制

（一）影响质量的因素

（1）设备。整经机筒子架部分是否完好，机头停车、回车是否完好，光电自停部分是否灵敏，计长器是否准确。

（2）工艺。张力、速度、色经排列、经纱根数是否符合工艺标准。分条整经时羊角板角度、条带宽度、边经纱张力、卷线长度是否符合工艺标准。

（3）操作。接头是否符合标准，是否一次性换筒，纱支原料是否正确。

（二）质量检验

（1）抽头。

（2）纱头。

（3）松紧度、平整度。

（4）长短码。

（5）色差。

（6）色斑、条花。

（7）上浆率大小。上浆过大易脆断，过小则轻浆，不耐摩擦、易起毛，导致开口不清，严重时不能正常生产，易造成折痕。

（8）浆斑。使布面粗糙，有损布面外观。

（9）杠边。

（10）顶绞。经纱排列错乱，在织造时，不能顺利向前移动，严重时布机不能正常运转，产生大量织疵。

（11）大接头。

（12）交叉。

（13）片纱张力不匀。

第三节　坯布的质量控制

一、设备

检查设备的完好情况，五大机构和五大关车的灵敏情况，定期测定停台率。

（一）断头的调查和分析

原纱不良，准备工序操作不好，织布车间温湿度不正常，以及经纱在织造过程中受钢筘、综丝、停经片等各部分的摩擦，都会使经纱断头，增加织机停台次数。织机在运转中由断头引起的停台，往往占最大的比重，所以断头的多少直接影响织机生产效率和织布工的劳动负荷。当经纱断头时，还常因经停装置失效而造成断疵、跳花、经缩等疵病。纬纱断头时，常因换纬动作不正常而引起连续换纬，造成双纱、稀纬等疵病。所以断经和断纬直接影响棉布质量。因此，要想提高织机生产效率，提高产品质量，首先就必须针对断头原因采取措施。可见，正确调查和分析断头原因的确是一项重要工作，是指导并改进生产的一个重要方法。

1. 断头的调查

要正确反映织机经纬纱的断头数和断头原因，必须采取合理的方法进行测定。测定时，先由测定人员选好需要测定的机台，记录车号。在一定的时间过程中（通常为1h）内，对机器进行观察，每断头一次就记录一次，并注明断头的原因，最后将测定的断头总根数除以观察的时间（按小时计算）和织机台数，按下列公式可以计算出织机1h的断头根数：

$$断经（或断纬）根数［根/(台·h)］=\frac{测定的断头总根数}{测定时间\times台数}$$

例如：测定16台织机，观察1h，断经共有8根，断纬共有4根，每台每小时的断经、断纬的根数应是：

$$断经=\frac{8根}{1h\times16台}=0.5根/(台·h)$$

$$断纬=\frac{4根}{1h\times16台}=0.25根/(台\cdot h)$$

2. 断头的分析

断头的测定分析是一项细致而复杂的工作，测定人员不仅要熟悉各工序中影响断头的因素，同时要善于分清半制品质量的好坏，并且能够识别机械因素造成的断头。

（1）经纱断头原因。

①纺部原因。包括棉结杂质、弱捻纱、粗细节、羽毛纱、细纱接头、并线松紧、化纤硬块丝等。

②准备原因。包括结头不良、脱结、飞花附着、回丝附着、并头、倒断头、绞头、脆断头、纱缩、浆斑、浆纱起毛、综丝不良、钢筘不良、停经片不良等。

③织造原因。包括飞花附着、回丝附着、结头不良、吊综不良、边撑不良、轧松、断边、机械不良等。

（2）纬纱断头原因。

①纺部原因。包括棉结杂质、弱捻纱、粗细节、成形不良、生头不良、飞花附着、回丝附着、纬管不良、并线松紧等。

②织造原因。包括梭子起毛、梭芯不正、纬纱跳槽、导纱器破损、换纬不良和机械不良等。

（3）断头部位分析。

为了进一步分析断头原因，可按部位进行调查分析，断经按部位可分横向和纵向两种。

①横向。边纱、边界纱、边撑部、中间。

②纵向。织口与前综之间、前综与后综之间、后综与停经架之间、停经架间、停经架与后梁之间、后梁与织轴之间。

（二）停台的调查和分析

织机停台的多少直接影响织机的生产效率，并反映着产品质量的优劣。如停台多，处理停台的机会增加，从而会增加歇梭疵点。

织机停台原因的调查方法是：由专职测定人员用巡回方法调查全部机台，即自车间一角的机台开始，按一定的巡回路线进行。当巡回至某一正在停车机台时，随即调查其原因，并记录下来，如人尚未到达或已走过的机台发现停车，一概不予计算。停台率可按下式计算：

$$停台率=\frac{停台总台数}{调查总台数}\times100\%$$

织机停台可分为计划停台和非计划停台两种，前者与设备运转率有关，后者与生产效率有关。经常遇到的停台原因有以下几种。

(1) 计划停台原因有：大小平车、自动部件检修、重点检修、预防检修、揩车、上了机、加油等。

(2) 非计划停台原因有：断经、断纬、空关车、在拆坏布、等拆坏布、在修坏车、等修坏车等。

二、工艺

(1) 上机工艺由企业技术技术部门制订，由设备保全工按工艺标准调正设备。它影响到产品是否能顺利形成、产品的质量和生产效率。

(2) 定期检查上机工艺执行情况，一般至少半个月检查一次，包括以下项目：开口时间、投梭时期、投梭力、后梁高度、停经架高度、纬纱张力、纬密牙拒、上机纬密、在机布幅、梭口高度。

三、操作

1. 操作技术

织布生产是多机台的看管工作，而单台织机目前尚处于半自动化阶段。织布车间各工种的操作方法对提高产品质量、增加产量、降低消耗、减轻劳动强度有着十分密切的关系，因此应开展操作练兵，总结先进操作方法，广泛交流，不断提高各工种的操作技术水平。

工人技能的高低表现在两个方面，一是单项操作（基本操作）；二是合理安排工作。单项操作是每个工人必须具备的基本功，有了熟练的基本功，还要善于计划自己的日常工作，做到相互协调，使生产有条不紊地进行。先进合理的操作应符合以下要求。

(1) 准确地执行操作法，这不仅能够保证产品质量的提高，而且可以节约原材料。

(2) 熟练地执行操作法，才能使动作准确省时，去掉多余重复的动作，以减轻劳动负担。

(3) 安全地执行操作法，防止发生人身事故。

合理安排工作，可以使自己处于主动地位，避免陷于顾此失彼的境地以及消除忙闲不匀的现象。

各工种的操作法，应符合优质、高产、多品种、低消耗的要求。随着生产技术的发展，对操作要经常进行总结、充实、提高，如定期组织操作测定。

2. 各工种操作要点

（1）挡车工操作要点。

①巡回检查工作应贯彻预防为主、防捉结合的精神，防止疵点的产生，为少拆、不拆坏布创造条件。

②根据不同品种、不同看管台数、不同拆布长度、不同质量要求，采取不同的巡回比例。巡回比例是指检查布面与检查经纱次数的比例，一般粗号纱采用1∶1的巡回比例，细号纱采用1∶2的巡回比例。

③合理组织各项工作，善于安排时间，正确处理质量与产量的关系。掌握每次的巡回时间，以免疵点超过规定的拆布长度。处理各种停台，应掌握先易后难、先近后远的原则进行，力求避免多走冤枉路，使工作主动而有计划。

④在处理经纱疵点时，可采用“剥、剪、捻、调”的处理方法。

剥。对经纱上的竹节、破籽等，可用手剥去。

剪。对结纱尾太长、花衣绒球、活络结，可用剪刀剪去。

捻。经纱上有弱捻或纱疵剥除后，纱身不紧，需用手捻紧。

调。当附有回丝、大结头、大竹节等，应予调换。

⑤检查布面，应及时发现疵点，找出原因，预防疵点扩大和再次产生。

⑥检查经纱，应及时处理有害疵点，如飞花、回丝、大竹节、小辫子等。

⑦掌握机械性能，做到“四个结合”。结合接班清洁工作，检查有关部件；结合巡回工作，针对容易产生故障和疵点的部件进行检查；结合处理停台，分析停台原因，追查有关部件；结合质量把关，有重点地检查平揩车后的机台。

⑧如遇有纬纱断头时，必须在织口中找出已断的纬纱头，补入纬纱后再开车。

⑨布面上接头纱尾必须用剪刀靠近布面剪清。

⑩应及时调换损坏了的综丝和停经片。

（2）帮接工操作要点。

①勤巡回，主动、灵活和有计划地配合挡车工，机动处理停台。

②应分清主次，机动灵活地处理断头、轧梭、拆布和停台，通常根据先易后难、先近后远、先短后长、先少后多的原则进行处理，以缩短停台时间。

③按预防为主的原则，做好“三清”“三理”工作。三清是指清顶梁、停经架两端和停经片里飞花；三理是指理多头、并绞头和倒断头。

④拆布时动作要轻巧，为防止经纱起毛，应注意以下几点：铁木梳落齿少，吃齿浅，动程小，落手轻，梳纱顺；梳纱时要求达到梳一根，拎一根。

⑤拆布后开车处理要细致，开车前先清除织口毛绒，调节好布面张力，对好织

口再开车。开车时先打慢车 1~2 梭，掌握车速，防止稀密路。

⑥处理轧梭断头时，结头要打得小而牢，并且结头要分散错开。

⑦不得在织机上刮布、修布、洗布（除硬性杂物外）。

（3）换纬工操作要点。

①换纬应做到双手并用，即左手车用右手换纬；右手车用左手换纬。

②贯彻预防为主的原则，认真做好对纬纱、纬管和梭子的检查。纬纱检查内容是：成形不良（如冒头、冒脚、高低羊脚、葫芦纱）、色纱、油污纱；纬管检查内容是：纬管是否起毛、裂开或损坏等；梭子检查内容是：梭子起毛、脱头、裂开、脱胶、凸钉损坏、销子螺丝松动、梭芯高低、梭芯歪斜、梭芯摇动、梭芯弹簧断裂等。

③织机车号必须和梭子号码相符合，不得混用。

④放入梭库的梭子应平放，不得倒放和反放，以免造成机械故障。

（4）修机工操作要点。

①修理坏车应做到快、细、勤、好。

快。修机及时，坏车关得少。

细。修机仔细、完好。

勤。修机认真，修后勤访问。

好。修机主动，效果好。

②修理机器时，防止油手及油污杂物沾污布面，以减少油布。

③加强巡回检查，防止机械故障，为提高产品质量创造良好条件。

④每次坏车修好后，开车运转时要注意梭子定位，以减少轧梭、飞梭故障。

⑤做好平车、上轴的验收工作，确保机器运转正常。

（5）上轴工操作要点。

①拆了机要求不得损坏钢筘、综框、停经片，并经妥善整理后，送到规定的地点。

②上轴后应试车检查，开几次慢车后再正式开车，以确保运转正常。

③上轴要求做到：一适当（吊综带松紧程度），二灵活（综丝、停经片），二不跳（综框、织轴），三平（综框、踏综杆、吊综轴），三齐（综框、综丝铁梗、踏综板），四不碰（综框之间、综框与筘帽、综框与筘座脚、踏综杆之间）。

④认真做好清洁、加油和检修工作。

⑤分纱要均匀，调整好经纱张力和布面张力，以提高质量。

⑥翻改品种时，要做到“四不错”，即纬牙、纬纱、接头纱和品种不搞错。

⑦推运空、满织轴时，要做到一慢二稳，即行走时要慢，注意安全，推织轴时不碰坏经纱和织轴盘板。

（6）加油工操作要点。

①应根据油眼大小进行适量加油，过多时会造成浪费和飞溅，过少时会影响机件的磨损。

②加油器具应经常保持清洁，油壶嘴在每次加油后要用布揩清余油，防止油料滴在经纱或布面上。

③必须按周期进行加油，并把油眼挖清，严防缺油而使机件磨损加速或发热而造成火灾。

（7）落布工操作要点。

①落布时做到布头不落地，以防沾污布面。

②落布后将机上的布头平整地卷到卷布辊上，以避免产生压绉痕而影响印染工序。

③落布时必须从墨印中央剪开，即将墨印从中两半平分。

④落布车上所放置的布辊不得超过规定只数，落布满一车后，必须随即送往整理车间。

（8）推派工操作要点。

①如发现纬管颜色、纬纱号数有疑问时，应立即向生产组长或轮班长汇报，以避免发生质量事故。

②储备的纬纱必须按不同的纱线号数、纬管颜色分别堆入，特别在翻改品种或更动纬管时更要注意，严防纱号混用造成质量事故。

四、操作测定和操作技术等级（供参考）

（一）织机挡车工

（1）测定内容。操作测定以全项为主，其内容一般由断经、断纡、巡回操作（结合捉疵和查机械）、打结四个部分组成。每个操作项目的测定方法，生产厂可根据已有经验各自制订。操作技术测定成绩登记在专用的测定表上（表 2-34、表 2-35），便于统计公布以及作为评定操作技术等级的依据。

（2）技术等级。操作技术等级，应以操作全项测定得分，结合产品质量计划完成情况来评定，见表 2-36。在全项测定得分中，以巡回操作为主，比重占 70%左右，其他断经、断纡、打结各占 10%左右，全项、单项定级标准见表 2-37、表 2-38。

表 2-34　织机挡车操作测定表

班别______　姓名______　看台______　巡回路线______　品种______　______年______月______日

巡回次数	巡回操作											查机械		接班工作				备注
	巡回时间每满一分钟±	开车质量不好	织口及经轴漏疵一只以上	不机动处理停车	不按操作法做	不目光运用，手眼不一致	布面拖纱不剪清	回丝不入袋	查布面漏疵	车后捉疵造成停车	空筒管停台不查	零件漏查	机械不查	清洁程度和时间	零件缺损	总得分	级别	清洁时间自定，超过 30s 扣 0.5 分/台
	1 分/次	1 分/次	0.5 分/次	0.5 分/次	0.5 分/次	0.5 分/巡回	0.5 分/根	0.5 分/次	1 分/次	0.5 分/次	0.5 分/台	0.5 分/只	1 分/巡回	0.5 分/台	1 分/台			
1																		
2																		
3																		
4																		

表 2-35　织机挡车断经、断纡、打结单项测定表

班别	项目	四台断经								四台断纡									打结						备注
				质量								质量							打结						
	内容 / 姓名	时间	级别	轧梭	穿错	带断头	其他	扣分	得分	时间	级别	轧梭	双纬	稀密	断头	其他	扣分	得份	1	2	3	4	平均只数	得分	

表 2-36　织机挡车全项测定汇总表

班前	项目	断经			断纡			打结			巡回操作		各项总得分	等级	生产完成情况	全项评级
	内容 / 姓名	时间	扣分	得分	时间	扣分	得分	平均只数	级别	得分	扣分	得分				

表 2-37　全项定级标准

项目	得分比例	优级	一级	二级	三级	级外
断经	10 分	10 分	9 分	8 分	6 分	4 分
断纡	10 分	10 分	9 分	8 分	6 分	4 分
巡回操作	70 分					
打结	10 分	10 分 （30 只）	9 分 （26 只）	8 分 （23 只）	7 分 （20 只）	6 分 （20 只以下）
全项得分	100 分	95 分	90 分	85 分	80 分	80 分以下

表 2-38　单项定级标准

项目＼等级		优级	一级	二级	三级	级外
四台断经	平布	1min35s	1min50s	2min05s	2min20s	2min20s 以上
	府绸	1min45s	2min	2min15s	2min30s	2min30s 以上
	斜卡	1min55s	2min10s	2min25s	2min40s	2min40s 以上
四台断纡	平布府绸	40s	50s	1min	1min10s	1min10s 以上
	卡其	45s	55s	1min05s	1min15s	1min15s 以下
打结		32 只	26 只	23 只	20 只	20 只以下

注　阔幅织机断经、断纡标准稍有放宽。63 英寸以上阔幅织机每一等级各加 5s；56 英寸以上阔幅织机每一等级各加 3s。

（二）帮接工

（1）测定内容。操作测定以全项为主，其内容一般包括断经、断纡、拆布操作以及打结等四个部分。各项操作的测定方法由生产厂根据已有经验自行制订，测定专用表格同织机挡车。

（2）技术等级。操作技术得分要求见表 2-39，单项操作技术定级要求同织机挡车工。

表 2-39　帮接工操作技术得分要求

项目	得分比例	优级	一级	二级	三级	级外
断经	10 分	10 分	9 分	8 分	6 分	4 分
断纡	10 分	10 分	9 分	8 分	6 分	4 分
打结	10 分	10 分	9 分	8 分	6 分	4 分
拆布操作	70 分					
全项得分	100 分	95 分	90 分	85 分	80 分	80 分以下

(三) 换纬工

(1) 测定内容。以摆梭速度和质量为主进行测定，摆梭速度以规定时间内所摆梭子数量达到要求为准（如 7min 内摆 50 只梭子为准，即 10 台车每台 5 只），达不到要求应扣分；质量扣分，按操作法规定内容和要求进行测定评分。

(2) 技术等级。根据测定得分评定等级。优级为 100 分，一级为 98 分，二级为 96 分，三级为 94 分。

五、工艺的管理和纪律

严格工艺管理和严肃工艺纪律，是使工艺设计得到全面贯彻的重要保证，也是确保产品质量的必要措施。因此全体员工必须认真贯彻工艺设计，严格按照工艺规定进行生产。

各工序生产过程的工艺必须服从统一的工艺要求，才能使产品的规格及质量得到保证。为确保工艺工作的统一性，就必须贯彻集中领导和分级管理相结合的原则。为确保工艺工作的统一性，就必须贯彻主要工艺权力集中在厂部，又能发挥各级的积极因素。总工程师必须对工艺工作实行集中领导、统一指挥，领导制订工艺设计和工艺研究活动，审批工艺方案和项目的变动。生产技术科是厂部的工艺管理部门，职责是提出工艺设计的初步方案，供总工程师参考，组织车间进行工艺研究活动，检查工艺工作的执行情况，审批部分工艺设计的变更项目。生产车间应建立专职部门或指定专人，具体负责安排车间有关工艺工作，参加和拟订工艺设计方案，审批部分工艺设计的变更项目，领导本车间进行工艺研究活动。试验组是工艺工作的具体执行部门，参加工艺研究活动，具体制订工艺设计，办理申请审批手续，定期检查工艺设计，工人对工艺工作要积极负责，对工艺设计要认真贯彻；在贯彻过程中如有合理建议，应通过一定的审批手续，在未获得审批前，仍应照原来工艺设计规定，不可随意更动。

任何织物的正式投产，应贯彻“先工艺、后试制”“先小量、后扩大”的原则，即先拟订工艺设计的初步方案，经过试制，掌握织物的性能，以便检验所设计的产品在生产实践中能否达到预期的规格；以及所制订的工艺参数在生产过程中是否合理；同时研究生产过程中所产生的问题，以便针对问题采取有效措施，对工艺设计的初步方案加以修正，然后填写工艺设计单，经过审核、批准后，分发给各有关部门执行。

工艺设计一经确定，各部门必须加强工艺纪律教育，要求各人认真贯彻执行，不能有违背工艺规程的行为，工艺设计在生产实践中应不断修正，力求完善。但工艺项目的调整和变动，必须经过一定的审批手续，并将调整通知单送达有关部门，做到既有明确责任，又有相互联系。有关部门必须加强对工艺设计的检查、核对工作，定期组织有关人员对工艺设计进行全面检查，以实现工艺参数的标准化。同品种、同机型的工艺参数应该统一，这有助于工艺纪律的加强和完善，有助于产品质量的标准化。为使织物宽度均匀一致，应加强对在机布幅的控制，每班至少测量一次。应定期对在机实物质量进行逐台检验分析，发现落后机台，检修工应追查原因，及时处理，以不断提高实物质量。对纬密齿轮、皮带盘等工艺部件，必须集中管理，专人负责，并制订收发、清洁、保管等管理办法。纬密齿轮应标志颜色，不同齿轮应标志不同颜色，同一齿数的齿轮，标志的颜色必须一致。编制工艺卡片时，必须保持正确完整的记录，以便查考。工艺如有变更，车间工艺牌应及时更改填写，以便群众了解和掌握。建立并健全工艺事故报告制度，总结经验教训，制订有效措施，以保证生产稳定和质量提高。

六、织物质量的评定

织物在生产过程中，由于机械、工艺、操作等因素，不可避免地会在布面上产生各种疵点，其中大部分经过整理车间修织后，可变为正品（一等品），部分疵点因超过修织范围或无法修织，就成为降等布。

织物等级按国家标准《本色棉布分等规定》，采用“物理指标”和“外观疵点”相结合的办法，将布匹评为一等品、二等品、三等品和等外品。

（一）物理指标和棉结杂质的评等

物理指标、棉结杂质按照国家标准《本色棉布试验方法》进行试验，并按该国家标准进行评等。

1. 物理指标

物理指标是指棉布重量、经纱密度、纬纱密度、经向断裂强度、纬向断裂强度等项目。棉布重量是按棉布每 1m^2（1m×1m）的无浆干燥重量来计算的，以克为计算单位，它是将样布上的浆料退去，然后烘干、称重，计算求得的。经纬密度是以每 10cm 内的经纱或纬纱根数来表示的，试验时，把样布平摊在平台上，用织物密度分析镜来检验。织物断裂强度是指样布沿着经向或纬向被剪成 5cm×20cm 的布条，放在织物强力试验机上把它拉断时所受的力，以千克为计量单位。物理指标的标准可按国家标准《本色棉布技术要求》规定，各项物理指标都符合国家标准的，可评为一等品；其中一项超过允许公差的，应评为二等品。允许公差是经密为-1.5%（幅宽超过标准 1%时为-2%），纬密为-1%，经纬向断裂强度为-8%。

2. 棉结杂质

棉结杂质用疵点格百分率来表示，疵点格百分率的检验是用 15cm×15cm 的玻璃板（刻有225个方格）罩在样布上，点数疵点格数。凡方格中有棉结杂质的即为疵点格，然后将疵点格相加，再与所有取样的总格数相比，便得出疵点格百分率。棉结杂质疵点格百分率的标准是按照国家标准《本色棉布技术要求》规定，根据不同种类纱线和织物总紧度相结合的办法进行制订的。

物理指标、棉结杂质按评等规定，每一品种按整理间的一班或一昼夜三班的生产入库数量为一批进行试验，根据试验结果来评定该生产入库布匹的等级。如符合标准的，即为一等品，否则全部作为二等品。

（二）外观疵点的评等

织物外观疵点按国家标准《本色棉布分等规定》逐匹检验评分定等。评分以布的正面为准，并采用累计评分办法。外观疵点的评分定等与织物的长度和幅宽有关，具体办法（评分限度）可参照表2-40。

表2-40　外观疵点评定方法

长度（m）	幅宽（cm）								
	110及以下			110以上~150以下			150及以上		
	品等								
	一等	二等	三等	一等	二等	三等	一等	二等	三等
5.1~15	4	8	24	6	12	36	8	16	48
15.1~25	6	12	36	9	18	54	12	24	72
25.1~35	8	16	48	12	24	72	16	32	96
35.1~45	10	20	60	15	30	90	20	40	120

注　超过三等品评分限度的为等外品。

外观疵点通常是指以目光检验布面上能看得见的疵点。疵点的编号、名称和评分，可参阅国家标准《本色棉布分等规定》中的“布面疵点的评等”。

七、织物的正反面及经纬向的鉴别

服装所用材料的品种、花色不计其数，从事服装工作的人员应该正确地判断出原料组织、结构、品种、织物加工工艺特点等，以便合理地选用各种服装材料设计服装、正确裁剪、缝制及保管等。

（一）织物正反面的鉴别

不同的原料、组织、织造及整理加工工艺使织物具有不同的正反面，因此，应正确判断出织物的正反面，为正确裁剪及穿用提供依据。一般情况下织物正面光洁清晰、特征明显，且优质原料暴露在表面。具体内容如下。

（1）按织物的组织纹理鉴别，见表 2-41。

表 2-41 不同组织纹理的织物正面特征

织物类别	表面特征（正面）
平纹织物	匀净光滑平整
斜纹织物	斜纹纹路清晰，质地饱满
缎纹织物	表面光滑，光泽柔和，质地饱满细腻
提花织物	花纹突出清晰，质地饱满，色泽均匀，花地组织清晰
起毛织物	单面起毛时正面有绒毛，双面起毛时正面绒毛光洁整齐
绉织物	颗粒组织或绉线而形成的绉效应明显
毛巾织物	表面有均匀的毛圈
纱罗织物	表面有清晰的纱孔
双层织物	表面精细平整而饱满，质地厚重

（2）按布边进行鉴别。如果布边上有文字、针眼等标记，以突出这一标记的一面作为正面。

（3）如果是特殊外观风格的面料，则以突出这一外观风格的一面作为正面。

（4）按戳、印进行鉴别。如果织物上有戳、印，则外销产品戳、印在正面，内销产品戳、印在反面。

（5）按卷装形式进行鉴别。市面上出售的面料通常是卷状的，一般卷在里面的是正面。

通过生产实践活动，还会总结很多鉴别方法，这里不一一陈述。

（二）织物经纬向的鉴别

对经纬向判断的正确与否影响到服装加工工艺与造型设计，经纬向确定依据是如下。

（1）平行于布边方向的系统纱线为经向，垂直于布边方向的系统纱线为纬向。

（2）长丝和短纤维纱分别做经纬时，一般长丝作经，短纤维纱作纬。

（3）半线或凸条织物，一般股线或并股纱作经。

（4）毛圈织物以起毛圈纱线为经线。

（5）加捻与不加捻丝线分别作经纬时，一般加捻方向为经向。

八、织物的组织分析及密度测定

（一）织物的组织分析

织物的不同组织结构具有不同的特征和性能，从而影响服装的裁剪和穿用，因此必须在短时间内正确地分析出组织类别。组织结构类别很多，在实际工作中，除参考一定方法外，还应逐步积累经验，准确地摸出组织规律及其特点，以便更好地利用好各种服装材料。

1. 织物组织分析具体步骤

在对组织进行分析中，常用的工具是照布镜、分析针、剪刀及颜色纸等。常用的方法是“拆拨法”。分析织物组织就是找出经、纬丝线的交织规律，确定是何种组织类型。一般对密度较小、丝线较粗、组织较简单的织物，可用照布镜直接观察，画出组织图。而对密度较大、丝线较细、组织较复杂的织物，则用拆拨法来分析。拆拨法就是利用分析针和照布镜，观察织物在拨松状态下的经、纬交织规律，具体步骤如下。

（1）确定拆拨系统。一般拆密度大的系统，容易观察出交织规律，如经密大于纬密应拆经线。

（2）确定出织物的正反面，以容易看清组织点为原则。如经面缎纹组织的拆纬面效应面为好。

（3）将布样经、纬线沿边缘拆去 1cm 左右，留出丝缨，便于点数。然后在照布镜下，用针将第一根经线（或纬线）拨开，使其与第二根经线（或纬线）稍有间隙，置于丝缨之中，即可观看第一根经线（或纬线）的交织情况，并把观察到的交织情况记录在方格纸上，然后把这一根纱线拆掉。用同样的方法分析第二根纱线、第三根纱线……以分析出两个或几个组织循环为止。注意分析的方向应与方格纸方向一致，否则有误。

2. 几点参考说明

（1）一般单经单纬简单组织。包括平纹、斜纹、重平、小提花、纱罗等组织可按上述方法，逐一分析出经向和纬向组织。

（2）缎纹组织。先用照布镜确定出组织循环数和经纬效应，包括经线循环及纬线循环，然后拆拨出 2~3 根经线或纬线，即可确定出经向飞数或纬向飞数，再根据经纬线循环数和飞数画出整个组织图，不规则缎纹组织需逐根拆拨分析。

（3）重组织和双层组织。重经组织一般拆经线而不拆纬线，重纬组织一般拆纬线而不拆经线，重经重纬或双层组织，经纬两个方向都要拆拨，灵活对待。

（4）绉组织。一般简单的经纬循环且绸面可看出规律的，按单经单纬简单组织处理。

（5）纹织物（大提花织物）。其组织分析比素织物容易些，不必逐根拆线，只需分别拆出地部和花部的组织即可。

（二）织物的密度测定

织物的密度分为经密和纬密两种，一般以10cm长度内经纱或纬纱的排列根数表示。织物密度的大小，直接影响织物的外观、手感、厚度、强力、透气性、保暖性、耐磨性，还对服装的缝制工艺和穿用寿命有影响。通常织物越密，越不易劈裂，穿用寿命越长，但通透性差。

经纬密度的测定方法有以下三种。

1. 拆线法

在织物的相应部位剪取长宽各符合最小测定距离的试样，拆去试样边部的断纱，小心修正试样到5cm的长宽，然后逐根拆去、点数，再换算成10cm长度内经纱或纬纱的根数。

2. 直接测量法

借助照布镜或密度分析镜来完成。分析时，将仪器放在展平的布面上，查取10cm中的经纱或纬纱的根数，为了准确，可取布面的5个不同部位来测，取平均值。

3. 间接测量法

此方法适用于密度大或丝线细且有规律的高密度织物。首先数出一个循环的经线（或纬线）根数，然后乘以10cm内的组织循环个数。

第四节　生产计算和统计

本节着重于介绍生产计划中有关产量、质量计划的计算、统计和有关规定。

一、产量计算

1. 织机理论单位产量的计算

理论产量是指织机不停地转动，没有任何时间损失的生产数值，计算公式为：

$$\text{单机理论产量}\ [\text{m}/(\text{台}\cdot\text{h})] = \frac{\text{织机速度}\ (\text{r/min})\times 60}{\text{纬密}\ (\text{根}/10\text{cm})\times 10}$$

$$\text{或}\ [\text{码}/(\text{台}\cdot\text{h})] = \frac{\text{织机速度}\ (\text{r/min})\times 60}{\text{每英寸纬密}\times 36}$$

2. 设备利用率的计算

利用设备台数是指已经安装好可投入生产的设备台数，它与安装设备台数之比，称为设备利用率。

$$设备利用率=\frac{利用设备台数}{安装设备台数}\times 100\%$$

3. 设备运转率的计算

机器设备在日常运转过程中，常由于保全、保养或管理的原因而有计划地休止，利用设备台数扣除休止设备台数，即实际运转设备台数。

$$设备运转率=\frac{实际运转设备台数}{利用设备台数}\times 100\%$$

4. 单机生产效率的计算

$$单机生产效率=\frac{单机运转总时数-各种停台所占总时数}{单机运转总时数}\times 100\%$$

5. 实际单位产量计算

实际单位产量［m/(台·h)］=理论单位产量×生产效率

二、质量计算

1. 入库一等品率的计算

入库一等品率指织机生产下来的布匹，经过整理车间根据修织洗范围加工整理后，入库时符合国家质量标准一等品要求的部分。

$$入库一等品率=\frac{入库一等品产量（m）}{入库总产量（m）}\times 100\%$$

2. 下机一等品率的计算

$$下机一等品率=\frac{抽查下机一等品匹数}{抽查总匹数}\times 100\%$$

3. 下机匹分的计算

$$下机匹分=\frac{抽查下机疵点分总和}{下机抽查匹数}$$

4. 织疵率的计算

$$织疵率=\frac{织疵降等总匹数}{生产总匹数}\times 100\%$$

第五节　设备的维修和安全生产

机器设备是建设社会主义的物质基础，是生产力的要素之一，设备维修工作是生产技术管理中的一项重要工作。

企业生产能否正常进行，在很大程度上取决于机器设备的完好程度，随着纺织的机械化、自动化水平的日益提高，机器设备的完好程度对生产的影响也越来越大。因此，搞好机器设备的维修工作至关重要。

由于机器设备在生产过程中不断运转，各机件受到摩擦、震动和冲击，经过一段时期以后，机器的部件逐渐磨损、变形。当超过规定的允许磨损限度后，就会失去原有的效能，不能继续使用，因此应该在一定时期内根据各种机件的磨损程度，予以调换和修理。同时，通过设备维修工作，使机器保持良好的运转性能，发挥较高的生产效率，不仅可以提高产品质量，增加产量，而且还可以节约原材料，降低耗电量，扩大看台能力，降低产品成本。

可见，设备维修工作的任务是：做好定期修理和日常维护工作，使机器设备经常处在完好的状态，保持正常运转，以达到提高产品质量、增加产量、降低消耗、安全生产和延长机器使用寿命的目的。

设备的维修工作应该密切结合生产，贯彻预防为主，保全保养并重的原则。要把专业维修、群众爱护结合起来，把专业管理和群众管理结合起来。为此，在贯彻统一领导、分级管理的原则下，工厂应设立专职机构，具体负责设备维修管理工作。车间主任应对车间设备的保全保养和正确使用负全面责任。车间内部原则上实行保全、保养分管，相互监督的办法，由保全、保养技术人员分别负责保全、保养各项具体工作，轮班长应负责本班各项保养检修工作。保全、保养和轮班检修人员应实行生产区域负责制，使每台织机有人负责，以保证维修质量。同时要开展群众性的三好（用好、管好、修好）、四会（会使用、会保养、会检查、会排除故障）活动。只有把专业管理和群众管理结合起来，才能把机械故障消除在萌芽状态，保持机械状态的正常。

一、设备维修工作的内容

（一）保全、保养的工作内容

根据预防为主的原则，各种机器设备必须按照规定周期进行维修。在规定周期内，按照一定的次序对机台进行大小修理，保证修理的间隔时间与规定周期相差不大。织布车间内织机台数较多时，为了便于管理，可把车间机台划分为若干区域，实行分区负责制。划分区域时，首先要确定每个修理队（平车队）能负担的最多台数（一般约为 160 台），然后编制每一区域机台的大修理周期计划，大修理周期是指相邻两次大修理的时间间隔。每个大修理周期中包括若干次小修理，每个小修理周期中包括若干次重点检修、部分检修。根据大周期计划，就能编制年度计划、月度计划及日历进度。修理周期计划一经确定后，一般不得任意更动，如遇特殊情况需要调整时，必须办理审批手续。

按照预防修理工作的需要，通常把维修工作分为保全和保养两个方面。

1. 保全工作

保全工作又分为大修理（大平车）和小修理（小平车）两种。按照纺织工业联合会现行规定，织机大修理的周期为两年，小修理的周期为4~6个月。周期过长，使机器处于恶化状态；周期过短，既增加不必要的维修劳动和修理费用，又增加停台时间，降低设备利用率。

大修理是对机器设备进行广泛、彻底的检查和修理。将整台织机进行全部拆卸分解，然后对每个机件进行清洁和检查。对不合格的机件加以更换或修理，然后重新安装和校正。机器经大修理后，应当基本上达到恢复机器的原有性能和要求。

小修理是将部分机件拆卸（机架及主轴部分通常不拆卸），然后进行全面清洁和检查。对主要磨损的机件或套件进行调换或修理，最后加以全部安装和校正，使机器机械状态恢复正常，并能维持到下一次小修理为止。小修理的主要目的是保持机器的生产效率。

2. 保养工作

织机的保养工作，即通过检修使织机保持良好的运转状态，包括自动检修、重点检修、了机检修、巡回检修、梭子检修、筘座修理、揩车和加油等项目。上述工作由保养工、上轴工、运转检修工、修梭工、揩车工、加油工等负责。

（1）自动检修。自动检修是将自动换梭机构和换梭侧梭箱全部拆卸，并对机件和套件进行检查和校正，对磨损的机件和套件进行修理和调换，然后重新平装和校正，保证自动换梭作用正常，以消除换梭的机械故障。自动检修周期一般不超过一个月。

（2）重点检修。重点检修是对容易磨损的部分和易于松动失灵的机件进行检查和修理，以消除和防止机器设备在运转中可能发生的故障。重点检修的主要内容是：投梭机构的皮圈、皮结、投梭棒、梭箱、缓冲等部分；经纱保护机构的轧梭自停、耳形滑板、鸭嘴、定筘鼻等；自动换梭机构的冲嘴、推梭框等；断经、断纬等五大关车；三主轴横动以及开口时间、投梭时间、投梭动程等。重点检修周期一般不超过半个月。

（3）了机检修。了机检修是结合织轴了机上轴进行的，检修周期一般为1~2周。了机检修的质量好坏，关系到产品的质量和产量。了机检修的主要内容是：钢筘的松动程度和角度，经纱保护机构的筘夹轴、鸭嘴、定筘鼻，吊综状态的平齐、灵活度，开口清晰度，以及开口时间、织轴跳动程度、边撑等。

（4）运转检修。运转检修不是在机器损坏发生停台时才去修理，而应根据预先规定的周期和内容，检查机器有无毛病。如发现毛病，应及时修理。

运转检修一般分为巡回检修和重点检修两种。巡回检修一般是检修与产品质量密切相关的机构机件和易于松动、失灵的机构机件。如梭子运动、缓冲装置、吊综状态、边撑位置、布面松紧等项目。上述项目每班至少检修一次。

（5）梭子检修。梭子是织机的主要物料，应经常保持良好状态，以保证机器正常运转，并需要有周期性的检修。这项工作由专职修梭工负责。梭子检修可分为梭子整台轮换检修、梭子逐台检修和梭子巡回检修三种。轮换检修可结合自动检修和大小修理进行，逐台检修的周期不超过半个月，巡回检修每天至少两次。梭子检修的内容是：高度、宽度、重量、角度、重心、梭芯位置、梭芯弹力、梭身光滑度、导纱器等。换纬工或挡车工发现梭子起毛时，应剔出交给修梭工修理。

（6）加油。为了减少机件磨损，保证机器的正常运转和减少耗电，机器各摩擦部分和所有工作机件的油眼，都必须按照一定的周期和用规定的油料进行加油。

油眼一般可分为大、中、小三类。

①大油眼包括弯轴、踏盘轴、摇轴和投梭机构中运动比较剧烈的机件，加油周期大都是每班一次。

②中油眼是运动不太剧烈的机件，如送经机构和卷取机构的机件等，加油周期是两天至一周。

③小油眼是运动缓慢或运动有间歇性的机构，如起动和制动机构、换梭机构等，加油周期是两周左右。

另有一些特殊部分，如弯轴和踏盘轴上的齿轮、吊综轴等，需要加润滑脂，周期约为两周。有些油眼，如鸭嘴、定筘鼻、停经架、送经的蜗轮蜗杆等，因织机上有布面和经纱，加油不便，并易造成油污，可规定在了机时加油。

（7）揩车和清扫。揩车和清扫是为了保持机台的清洁和车间的环境卫生和美观，避免由于飞花的堆积而造成疵点和机构上的不正常。因此，必须做好机器的清洁工作。清洁工作一般由专职揩车工或清洁工负责，机台部分清洁工作由挡车工负责。了机揩车是为了保证在运转时不易清洁的机构及油眼得到及时清洁，要求从上到下、从内侧到外侧、从前到后、从外到里进行彻底清洁。

（二）维修工作的检查、验收和考核

为了不断提高维修质量和管理水平，保证设备经常处于完好状态，为高速度发展纺织工业创造良好的物质基础，现就关于质量检查、接交验收和考核办法，分别叙述如下。

1. 质量检查

为了保证维修质量，各项设备维修工作必须按照规定标准进行质量检查，查出

的缺点要分析原因，及时修复，并做好记录。保全、保养技术员和轮班长，应分别抽查保全、保养、轮班检修等各项工作。

质量检查的主要内容。

①检查装配规格是否正确和是否合乎保全工作法的规定。

②检查装配规格是否符合工艺设计的规定和是否达到工艺要求（如机械次布、耗电）。

③检查各种机件磨损限度是否超过允许公差。

根据织机的结构和工艺要求，纺织工业联合会统一制订了质量的检查项目、允许限度和检查方法，企业还可以根据生产需要增加部分机件的磨灭限度、安装公差以及与产品质量有关的其他项目。织机的质量检查项目，根据检查的步骤可分为三个阶段。

第一阶段：中途检查。凡是修理工作结束后不能检查或不容易修复的项目，都应该在修理过程中加以检查，如弯轴、踏盘轴和摇轴的回转灵活性和水平情况等。

第二阶段：平后检查，即修理工作结束后的当天检查。凡是能够在修理工作结束后检查的项目，都应该在最后作全面性的检查。具体检查的项目可见《织机大小修理接交技术条件》。

第三阶段：隔天复查。为了使修理工作更好地为生产服务，要对前一天所修理机台的容易走动和变形部分进行复查。复查可分开车检查和关车检查两步进行。开车检查的主要项目是：手感目测布面张力、梭子运动、缓冲作用、梭子定位以及调查询问机台的运转和质量情况等。关车检查的主要项目是：三主轴横动大小，牵手是否松动、发热，梭箱和钢筘角度是否准确，以及装配规格是否走动等。

2. 接交验收

为了保证机器的平修质量和日常维护工作的正常进行，保全、保养本着分工负责、相互协作的精神逐台进行接交验收。平修后的机台接交，就是将大小修理好的机器交给运转生产。接交验收的步骤如下。

（1）初步接交。

①修理后的织机经过试车，由保全队长交给检修工或保养组长。检修工或保养组长按“接交技术条件”进行检查，也可对其他项目进行检查，查出的缺点记入接交单，保全队负责修复。未经初步接交的机器不准投产使用。

②初步接交的机器，因某些机械因素，不可能在初交时全部查出，因此，规定一个运转查看期，小修理为三个班，大修理为九个班。在查看期中发现由于修理工作的不良造成的缺点和事故记入接交单，保全队在最终接交前必须负责修复。

③试、化验室和电气部门应按进度要求对大小修理的设备进行工艺测定，在最终接交时提出数据。

（2）最终接交。

①在初步接交后七天内，由保全、保养技术员或轮班长检查设备缺点修复情况和工艺测定结果，按照“接交技术条件”评等评级办理最终接交，如发现查看期内可以修复的缺点尚未修复或工艺测定结果恶劣者，最终接交后仍由保全队继续修复。

②凡因客观情况变化，使某项工艺要求测定结果不能正确反映平修质量时，由接交双方进行研究分析，经上级同意，可以调整修改。

3. 考核办法

为了促进设备维修质量的提高，应对设备维修工作进行考核。考核项目有以下几项。

（1）设备完好率。

按“织机完好技术条件”所规定的检查项目、允许限度、工艺要求以及检查方法和扣分办法进行检查，凡扣分在0~10分，则为完好机台。设备完好率的计算公式如下：

$$设备完好率=\frac{完好台数}{检查台数}\times100\%$$

设备完好率应每月进行检查，每季度累计检查台数一般不少于全部设备的50%，多机台不少于全部设备的25%。

（2）大小修理考核一等一级车率。

①全部达到“接交技术条件”的允许限度者为一等，有一项不能达到者为二等。

②全部达到“接交技术条件”的工艺要求者为一级，有一项不能达到者为二级。

一等一级车率是一等一级车台数和同期修理总台数之比，其计算公式如下：

$$一等一级车率=\frac{一等一级车台数}{同期修理总台数}\times100\%$$

（3）计划完成率。

修理作业计划一经确定后，应保证如期完成。修理计划完成率的计算办法如下：

$$计划完成率=\frac{实际完成台数}{周期计划台数}\times100\%$$

（4）准期率。

$$准期率=\frac{准期完成台数}{周期计划台数}\times100\%$$

二、安全生产

在生产技术工作中，应正确处理安全与生产的关系，生产必须注意安全，安全才能促进生产的发展。在日常工作中，应加强安全技术教育，以保证安全生产。

（一）安全装置

织机上的安全装置，是为了防止发生工伤事故，保证工人安全生产。织机上对人身有危险的地方是：电动机传动皮带、皮带盘、传动轴、传动齿轮、卷取齿轮、投梭机构的投梭棒、飞行中的梭子、摆动的筘座、纬纱叉、纬纱叉钩、探纬针、自动换梭部分的框和梭箱、多臂机上踏盘轴端的曲柄和摇杆等。

（二）安全操作

织机上虽有安全防护装置，但为了避免发生事故，工人仍应遵守以下安全技术操作规范。

（1）开车时要注意织机的两旁，不让任何人靠近织机。

（2）任何安全装置和危险标志不可随便拆除，如有损坏应立即通知检修工修理，在运转中切不可拆卸防护装置。

（3）机器在运转时，不准在危险部位搞清洁工作和加油。

（4）在修理机器时，必须作标志，或使用开关保险装置，以防止他人开车。

（5）禁止在织机运转中修理机器。

（6）机器在运转中，发现有异响或焦味时，必须立即关车，通知检修工修理。

（7）机器运转中发现梭子运动不稳定，机件松动或损坏，特别是投梭部分，应关车并通知检修工修理。

（8）当发现吊综有高低不平，应通知检修工修理，以免发生飞梭。

（9）为避免危险，长辫应剪短，在工作时应戴工作帽，穿紧袖衣服，禁止在机台附近穿脱衣服。

（10）开车时应该逐台开出，以免超过负荷发生危险。

（11）当织机上的电气部分发生故障，应通知专职电工修理，严格禁止其他人员动手。

（12）车弄内不准放置各种机物料，了机后的空轴、综筘和停经片应放在规定地点，以免妨碍挡车工的正常巡回。

（13）不准在有电动机的车弄内通行。

（14）禁止双手同时开两台车。

（15）严禁不熟悉机器性能的工人开动机器。

（16）在织机运转时，不允许用手拉缠在转动机件上的回丝，应在停车时清除。

（17）不准在未修好的机台上开车运转。

（18）在机台运转时，不要过于低头看布面，以避免被筘帽撞伤或飞梭击伤。

（19）梭子必须固定机台配套使用，不得混用。

（20）在织机运转时，不得放松卷取机构。

（21）当看管多臂织机时，不要靠近踏盘轴端的曲柄和摇杆，避免缠住衣服，发生事故。

（22）上轴后应严格检查开口是否清晰，以防飞梭。

（三）假日停车注意事项

（1）短期假日停车。

①将机台的弯轴转至平综位置。

②关闭好所有的门窗，保持车间温湿度，必须将车间温湿度调节到规定标准。

③短期假日停车后开车时，应先将机器的主要部分油眼进行加油（天冷时油要预热）。

④短期假日停车后开车时，应查看机器，然后逐台开车。

（2）长期假日停车。

①停车前，应做好停车准备工作，并在30min前停止给湿。

②停车后，从梭箱中取出梭子，搁置在胸梁上，将布垫起，后梁垫好衬布或衬纸；卷布辊应放在预备卷布辊托脚上，布边应从边撑盒里抽出。

③弯轴转至上心附近，织平纹织物时，应使两页综框放平；织斜纹织物时，应将提手柄放下，使综框放平。

④全部停车时，做好关闭门窗的工作。

⑤冬季长期停车后开车时，应先开空调设备，使车间升温并保持一定的相对湿度。

⑥长期假日停车后开车时，应先对机器的各部分油眼进行加油（天冷时油要预热）。

⑦长期假日停车后开车时，应先查看机器，然后逐台开车。

（四）消防常识

消防工作必须为生产服务，保证生产。消防工作必须贯彻“以防为主，以消为辅”的方针，一方面要积极预防，时刻预防火灾的发生；另一方面也要防备万一，平时必须做好灭火的准备工作。

（1）消防设施。发生燃烧必须具备一定条件，首先要有可燃物质，其次是着火的热源，再次是氧和氧化剂。针对上述燃烧原因，灭火的基本方法是冷却、窒息和隔离三种，即设法除掉造成燃烧条件中的任何一个条件。

车间内的消防设施有太平门、太平龙头、水龙带、储水桶、储砂桶和灭火器等。

常用的灭水器有：酸碱灭火器、泡沫灭火器、二氧化碳灭火器、四氯化碳灭火器等。织布车间大都使用酸碱灭火器和二氧化碳灭火器。

酸碱灭火器筒身用铁皮制造，筒内盛装着碳酸氢钠的水溶液和一小瓶硫酸。使用时，一手握住器顶提柄，一手紧托筒的底边，然后倒转筒身，两种溶液混合，立刻起化学反应分解大量的二氧化碳气体。由于气体的迅速增加而产生巨大压力，压迫筒内中和了的水溶液从喷嘴中向外喷出，并使之直接喷向火源。它只适用于扑灭竹、木、棉、毛、草、纸等普通可燃物的火源，对于一切忌水、忌酸的物质、油类和电气火灾则不宜使用。

二氧化碳灭火器由机筒、活门、喷射喇叭组成。二氧化碳以液态储存于钢瓶内，瓶内压力在12.5MPa（125大气压）左右。打开活门时，因瓶内压力推动液态二氧化碳，通过瓶内虹吸管而蒸发，压出瓶外。二氧化碳灭火器是以不燃的二氧化碳喷射到燃烧物。二氧化碳为电的不良导体，故能够广泛地使用于扑灭电气装置火灾，但不能保证扑灭能够在惰性介质中燃烧的物质，如棉花的着火。它有开关式和闸刀式两种，使用时先拨出保险销子，一手紧握喷射喇叭上的把柄，一手抖动鸭舌开关或转动开关，然后提握机身喷射。

四氯化碳灭火器主要用于扑灭电线等所发生的火灾，同时对于易燃液体火灾有相同的窒息作用。使用时要注意通风，否则易中毒，在扑灭高压电器设备火灾时，必须保持一定的安全距离。

泡沫灭火器的筒身构造和外形与酸碱灭火器相同，使用方法与酸碱灭火器相同。筒内盛装碳酸氢钠和发泡剂的混合液体，以及一大瓶硫酸铝水溶液。筒身倒转后，两种溶液混合，迅速地产生大量的二氧化碳，压迫含有二氧化碳气体的浓厚泡沫从喷嘴中喷出。泡沫灭火器的空气泡沫能够浮在汽油、煤油等可燃、易燃液体的表面，以隔绝空气中的氧气，所以被广泛用于扑灭可燃和易燃液体火灾。

（2）防火、灭火应遵守的规则。

①保持车间清洁，特别是对机器磨损部分要经常做好清洁工作，不使飞花聚积。

②定期剔清油眼，并严格遵守加油制度。

③汽油及易燃物必须存放在指定的安全地点，不准带进车间。

④必须保持织机电动机、电气传动和照明设备的正常状态，按规定敷设备种线路，须有专人定期检查。

⑤定期检查消防设施和消防信号是否正常。

⑥电动机着火时，须先切断电源，切不可用水浇，只能用干砂、滑石粉或避电灭火器去扑灭。

⑦全部工人都应该熟悉本车间内的火警信号、开关位置和使用灭火器及其他防火设备的方法。

⑧车间内严禁吸烟。

⑨消防设备周围禁止堆积其他物件。

⑩通向太平门的走道必须保持畅通，不允许堆置任何物件。

第三章　常见织疵分析与措施

织物在织造过程中，由于原料、半制品、生产设备以及日常运转管理等因素的影响，布面上产生边不良、边撑疵、烂边、毛边、纬缩、轻浆、棉球、跳花、跳纱、星形跳花、断疵、断经、沉纱、筘路、穿错、经缩（吊经）、脱纬、双纬、稀纬、密路（歇梭、稀弄）、段织和云织、油疵、浆黄斑、狭幅与长短码、方眼、轧梭及飞梭等疵点，通常称为常见织疵。

布面织疵是坯布品质的重要组成部分，也是衡量企业生产水平和管理水平高低的重要标准。在日常生产过程中，如果布面疵点波动不稳，不仅造成人力物力的浪费，而且使成品质量下降。为此，加强原料、半制品的管理，使设备处于正常状态，提高运转操作技术水平以及改进日常生产管理等基础性工作，是减少布面疵点，不断提高产品质量的重要途径。

第一节　边不良、边撑疵

布边是织物的一个重要组成部分，布边的经纱根数虽然不多，但对成布的外观、布边的坚牢度和加工拉幅都有较大影响。织物的布边在织造、染整和服装加工中起着抵御外界机械力与稳定织物组织结构的作用，所以对布边提出了坚固、平整、与地组织厚度一致、缩率一致，能承受牵伸拉幅等外力作用的要求。为满足布边的质量要求，要求按地组织的交织规律合理设计边组织；整经工序保证片纱张力均匀，适当增加边纱张力；对于新型织机绞边装置的纱罗绞边，应注意纱筒供纱张力大小与地组织相配合。在织制黏胶纤维织物时，由于纤维表面光滑、无中腔、分子聚合度小、强力低、弹性小、塑性变形大，在织造过程中不能承受较大张力及屈曲，尤其在布边两侧，更易产生边不良。严重的边不良、烂边或连续性的边撑疵等，均会造成坯布降等，影响产品质量和印染加工成品质量的提高，甚至使加工过程中出现事故。

一、边不良

织物在织造过程中，当边部经纱张力和退绕时的纬纱张力相互配合失调，即产生边不良疵点，如锯齿边、荷叶边、边纬缩、边穿错以及布边两侧呈规律性不平整等形态。上述各种坏边，大都是分散性的。布边两侧呈规律性不平整，通常反映为开关侧好，换梭侧差。梭腔内纬纱为小纱时，张力大，布边紧；大纱时，张力小，布边松。

1. 形成原因

（1）锯齿边。当纬纱张力忽大忽小时，布边内卷，最易造成锯齿边，主要是由于纬纱退绕不畅而产生。黏胶织物的纬纱张力大、经纱张力小，织造时，边经纱的张力比地经纱所承受的张力大，由于受力不同，塑性变形也不同，使边组织的边纱缩率大，地组织的经纱缩率小，呈现出明显的紧边现象。它随织物品种、幅宽、织造条件的变化而变化，一般经密小、布幅宽的细号（支）薄型织物，紧边现象最为严重，反之，则稍轻。

（2）荷叶边。当纬纱张力小于经纱张力，或经纱张力时松时紧时，布边不平，会出现荷叶边。这主要是由于织轴边纱张力不一、盘板歪斜、浆纱并绞、织造时开口不清以及经纬纱排列不匀等造成。

（3）边纬缩。由于纬纱退绕张力小、引出不畅、开口投梭工艺时间配合不当、梭子通道部分有快口或者纬纱在退绕时受到布边经纱毛羽影响，使纬纱不能拉直，布边较松，因而产生纬纱气圈或边纬缩疵点。

（4）边穿错。边纱穿法不统一或错误，处理浆纱多头、少头、错头时，缺乏一套完整的操作规程。在织轴断边时，最易产生边纱穿错。

（5）布边两侧、全匹呈规律性不平整。

主要体现在两方面，一是纬纱在退绕终了时，纬纱张力增大，极易造成凹凸边或荷叶边；二是经纱张力不良，具体如下。

①边经纱张力过大，产生松边；边经纱张力过小，产生荷叶边。

②整经轴的轴幅与整经机伸缩筘位置不对称，产生软硬边。

③上浆过程中，伸缩筘幅与织轴轴幅左右不适应而产生的松边、硬边、嵌边及绞头，在织造时易造成松边、紧边或荷叶边。

④吊综不良、综框有高低、开口时经纱一紧一松，造成布边凹凸不平。

⑤综框左右位置不良，使经纱穿过综眼与筘齿时形成一角度，开口时，增加边纱与筘片的摩擦，易造成紧边。

⑥织轴轴幅与筘幅差异过大，两边形成一个较大的角度，增加边纱与筘片间的摩擦，造成紧边。

2. 消除方法

（1）在严格控制经纱张力均匀的基础上，加大边纱张力，保证开口清晰度。加强日常生产技术工作，做到络筒张力盘、整经张力垫圈重量一致以及张力垫圈分段管理；校正织轴盘板（左右两侧歪斜不超过 1.6mm）；做好上轴吊综，提高开口清晰。此外，应根据各类织物的特殊要求注意以下几点。

①整经机适当增加边纱张力垫圈重量（一般比地经纱张力垫圈重 30%~80%，黏纤织物还可重一些），给边纱预先加一应力，使其有一定量的变形伸长，以减少在织造引纬过程中，边经与地经因受力不同而产生塑性变形的差异，对减少紧边有一定效果。

②织轴卷绕密度不宜过小，一般中、细号纯棉织物应控制在 0.46~0.48g/cm^3，黏胶织物控制在 0.52~0.55g/cm^3 为宜。

③浆纱分绞清晰，防止绞头、并头等疵点产生。高密织物在浆纱烘房前采用湿绞棒装置，或使湿浆纱分层进烘房，减少并绞，增加开口清晰度。

④浆纱边纱排列必须保持均匀，高密织物（如府绸等）伸缩筘两侧 25mm 边筘内，每筘间可少排 1~2 根经纱。边纱排列过密，容易造成边纱重叠发硬；排列过稀，会造成边纱松软。

（2）合理配置开口、投梭工艺时间，彻底消除梭子通道部分快口，解决边纬缩、坏边疵点。

（3）要适当增加纬纱张力，解决布边两侧差异，纬纱的张力以较大为宜。对不同卷绕密度的纬纱进行对比实验，实验证明纬纱卷绕密度大，退绕时张力亦大，布边较好；反之，纬纱卷绕密度小，退绕时张力亦小，布边较差。

二、边撑疵

织物位于边撑部位的经纬纱，被轧断 1~2 根，或纱身起毛、易拉断的，称边撑疵。

1. 形成原因

（1）边撑盒位置过高或过低，织物的全幅织口不在同一水平线上，形成两侧布边向外凸出，布身向内凹入。打纬时布身受打纬力的影响，产生跳动，而边撑盒内的成帽由于刺辊的握持和伸幅不能活动，从而产生相对扭力，容易造成大量边撑疵。

（2）布面张力过大，经纱紧贴边撑刺辊，致使刺尖切割经纬纱而产生的边撑疵，大多是有规律的通匹疵布。

（3）布幅越阔或纬缩率越大的织物，越易产生边撑疵。当织物两侧布面离开边撑刺辊后，由于失掉边撑刺辊的撑幅，即向布身中央收缩，而边撑刺辊刺尖对成布组织有横向的抗张力，因而易造成经纱割断。

（4）边撑刺辊使用不当，或新购入边撑刺辊未及时加工，发生刺尖部分迟钝，或刺尖虽锋利但呈弯钩形状，将经纱或纬纱钩起拉断。

（5）边撑盒内刺辊有短回丝、落浆、落物等阻塞，使刺辊回转不灵活，造成刺辊速度与布面速度不一致，使刺尖易割断纬纱，产生边撑疵。

2. 消除方法

预防和消除边撑疵，应发挥边撑的伸幅作用，保证边撑刺辊刺尖良好，回转正常。边撑部分安装正确，特别注意刺辊与布面的均匀接触，防止布边在边撑盒内通过时有过大的屈曲。注意经纱的张力适当，不宜过大。

第二节 纬缩

纬缩是纬纱扭结织入布内，或者起圈呈现于布面上的一种密集疵点。当纬纱织入时，由于原纱本身或织机机械方面存在缺点，未能将它平直地打入织口，因而在布面上造成许多星状扭结或毛圈形的小辫。

纬缩疵点常见于细号（支）高密纯棉织物（如府绸、斜卡及贡缎等）品种上。在涤棉混纺细平布、府绸、卡其等织物上，则是主要织疵。在纯棉高密府绸织物上，由于经纱的棉杂竹节，容易在织造中产生气圈纬缩。在涤/棉织物上，为了充分发挥挺、滑、爽的优良服用性能以及防止穿着后起毛、起球的弊病，经纬纱的捻度配置，一般大于同号（支）纯棉纱；此外，涤纶纤维具有弹性好、成纱抗捻性强等特性，因此织造时，纬纱稍有松弛就会产生扭结纬缩。

纬缩疵点在布面上的形态，大体可分为扭结纬缩、经向一直条纬缩、一处性方块形纬缩以及分散性纬缩四种类型。

1. 扭结纬缩

极大部分产生在离换梭侧布边 250~300mm 的区域，在布面呈明显的小圈，凸出布面或交织在布内，其长度为 6~25mm。扭结纬缩主要是梭子从换梭侧投向开关侧进入梭口时产生的。

2. 经向一直条纬缩

一般分布在两侧布边区域，如府绸织物极大部分离布边 5~10cm。在距离纬缩疵点 1~5cm 后面的经纱上，一般都附有棉杂、竹节、结头、硬块等疵点。经现场观察和实物分析，经向一直条起圈纬缩是在梭子出梭口时产生的。

3. 一处性方块形纬缩

府绸织物上长方形的块状纬缩几乎全部发生在两侧布边，其分布宽度一般在 30~40mm，长度 20~30mm。分布虽然密集，但仍有间隔。经实物分析，一处性方块形纬缩是在梭子出梭口时产生的。

4. 分散性纬缩

疵点分布无规律性，纬缩起圈宽度较小，最小只有1~2mm，不易发现，常发生漏验。

分散性纬缩形成的原因如下。

（1）原纱质量不良。织制细号（支）高密府绸、斜卡、贡缎一类织物时，当纬纱导入梭口后，其长度一般在平综时已被固定，随着钢筘的推动，纬纱从原来较长的位置上而转变到较短的织口位置上，纬纱张力处于逐渐变化的过程中；与此同时，上、下层经纱亦在移动，如果经纱上附着茸毛、竹节、棉结杂质较多或综框位置不正、综框跳动等都会影响纬纱的顺利滑行，使其屈曲而扭捻，造成一处性方块形或经向一直条的纬缩疵点。

（2）纬纱的捻度过高。纬纱是由棉纤维加捻而形成的。棉纱加捻是为了增加纤维间的抱合度，从而使纱线获得较好强力。然而，加捻的纬纱，使棉纱获得潜在的反捻回扭转力，此力随棉纱捻度的增加而增大。在织造过程中，纬纱内在的反捻回扭转力，若超过纬纱织入梭口时所具备的张力，就有可能造成扭曲起圈，产生纬缩。因此，纬纱的捻度越大，出现纬缩疵点的机会就越多。涤棉织物的纬纱捻度一般大于纯棉织物，故更易产生纬缩。

（3）纬纱的回潮率过低。纬纱内在的反捻回扭转力与纬纱回潮率的大小有密切关系。纬纱的回潮率过低，或纬纱过于干燥，纤维间的弹性相对增强，摩擦力则减小，促使反捻回扭转力增加，纱管上卷绕的纱圈就较松。当织造时，纬纱在梭子瓷眼引出处的摩擦系数亦随着减小。由于张力不足，纬纱易于退绕，起圈的可能性增大，因此布面容易产生纬缩。

（4）梭口清晰度不良。

①梭口不清，上、下两层经纱张力差异过大，梭口满开时，上层经纱有荡纱现象。贡缎、斜卡织物的综框页较多，如综框高低稍有不齐，或左右两面高低不平，开口则不清晰，易产生纬缩。

②综夹失落，下层经纱过高；吊综太松，综框运动不稳；缎纹织物采用羊角吊综装置时，羊角转子缺油，回转不灵活；纬纱通过梭道受到阻碍或外力影响等，布面均会出现分散性纬缩。

第三节　跳花、跳纱、星形跳花

织物在织造过程中，处于织口部位的部分经纱，由于受到各种因素的影响，使开口不清晰，以致有少数经纱或纬纱脱离组织，呈现一根或数根经、纬纱线不规则地起浮在织物表面。根据疵点形态和轻重程度，可划分为跳花、跳纱和星形跳花（简称星跳）三种。

1. 跳花

三根及其以上的经纱或纬纱相互脱离组织，并列跳过多根纬纱或经纱而呈“井”字形状，浮于织物表面形成的疵点称跳花。如形成块状，而经、纬浮起又是规则的，一般称“蛛网”疵点。

2. 跳纱

一到三根经纱或纬纱跳过五根及其以上的纬纱或经纱，在织物表面呈线状，称为跳纱。跳纱有经向跳纱和纬向跳纱之分。

3. 星形跳花

一根经纱或纬纱跳过两到四根纬纱或经纱，形成一直条或分散星点状纬缩，称为星形跳花，简称星跳。

跳花、跳纱、星跳通常称为“三跳”。该类疵点在织物表面分布的部位不一，有的在布的中间，有的在布边或接近布边处，有的在某个特定部位断续发生，有的则很分散。“三跳”是织物中常见的疵点，特别在细号高密织物上，如府绸、卡其以及化纤织物类。它不仅影响织物的外观，而且使织物内在质量下降，影响成品坚牢度。

4. 形成原因

“三跳”疵点与原纱、半制品质量，织机开口、投梭、送经机械状态，织造工艺参数，上轴质量、织造挡车操作以及纤维本身的性能等因素有关。现将主要原因简述如下。

（1）原纱及准备半制品质量不良。

①原纱弱捻，细纱接头不良，或经纱上附有竹节、飞花、回丝、小辫子、杂物以及筒经接头不良等。这些有害疵点，在织机开口时往往和邻纱相互缠绕，使部分经纱开口不清，造成跳花、跳纱疵点。

②经纱上附有活络棉球，特别是在化纤纱线上更为突出，使织造时产生“三跳”疵点。活络棉球是在织造时，经纱受停经片、综丝、钢筘开口的磨刮而粘集在一起形成的松软球。

③由于络、整、浆各工序工艺配置不当，运转操作不良以及机械状态不正常等因素，使经纱张力不一、织造开口不清，从而产生跳花或经向跳纱疵点。

④上浆质量不良，上浆率低，纱线承受不起摩擦，毛绒增多，影响开口清晰程度；织轴上并头、绞头、倒断头多，使开口不清，特别是布面张力松弛时更为严

重；织轴回潮率过高，织造时停经片间易积飞花，使断经关车失灵，织机继续运转，断经的纱尾绕邻纱，引起开口不清，均会造成“三跳”疵点。

（2）吊综不良。

①吊综不合规格，使下层经纱离走梭板较高，梭子进入梭道时梭尖上跷，穿越上层同根较为松弛的经纱而产生跳花、跳纱疵点。

②吊综过低，上层经纱松弛，开口不清（经纱张力不足也会产生这种情况），易使梭子穿越松弛的经纱而造成全幅性的细小跳花、跳纱疵点。

③吊综不平，在综平时数页综框高低不一，或两端高低不平，使全幅经纱张力不匀，张力松弛部分的经纱易使梭子穿越而产生纬向跳花、跳纱疵点。

④吊综部件松动、磨损，综夹脱落，或综夹间隙过大，造成部分经纱松弛下垂，产生跳花、跳纱疵点。

⑤吊综皮带长短不一，安装歪斜，织造时综框跳动、碰筘，使经纱受较大摩擦力而伸长，开口时经纱下垂，使开口不清，产生跳花、跳纱疵点。

⑥吊综轴安装歪斜，与筘帽不平行，使两侧开口不一，经纱伸长不一，易造成跳花。

⑦综框横杆与综丝杆相互磨灭过多，影响梭口高度，产生跳花、跳纱疵点。

（3）织机开口、投梭、送经部分机构状态不良。

①开口过早，梭子出梭道时，穿越边部上层较松的经纱，产生跳花疵点。

②开口与投梭时间的配合不协调，使梭子在梭口高度不足的情况下进出梭道，产生边部跳花、跳纱疵点。

（4）经位置线失调。

①在制订后梁与停经架工艺时，过于追求布面丰满，将后梁抬得过高，开口时上层经纱松弛，易产生跳花疵点。

②停经架两端位置高低不一，造成边跳花、跳纱疵点。

③停经架中隔板分纱不匀，使经纱挤压在一边，产生间歇性跳纱疵点。

④边撑位置太高，布面中央易产生细小跳花；边撑位置太低，布面两边易产生细小跳花疵点。

（5）纤维性能的影响。

①涤纶中含有硬丝，弹性大，在纺纱过程中硬丝的抗捻性高，头尾露出纱身较长，虽经过上浆处理，仍不能使其与纱身黏附。当织造时易与邻纱缠绕，造成开口不清。

②涤纶是疏水性纤维，单强高，导电性能差，织造时因摩擦产生静电，使纱身表面毛羽耸立，易与邻纱纠缠，造成开口不清，形成跳花、跳纱疵点。

③采用聚乙烯醇或以聚乙烯醇为主体的化学浆作为涤棉混纺纱上浆原料时，由于调浆时未能充分溶解，浆液中带有白星粒子，在上浆时黏附于经纱上，形成小浆斑，在织造中易纠缠邻纱而使开口不清，造成跳花、跳纱疵点。

5. 消除方法

（1）从上浆工艺与部件结构上保持浆液渗透。

①采用淀粉浆，浆槽温度宜偏高掌握。细号高密类织物（如府绸类）宜保持在98℃以上。

②浆纱采用大直径浸没辊、重压浆辊、橡皮压辊或双浸双压等措施增加浆液渗透。

③正确掌握回潮率。采用淀粉为主浆料的细号高密织物（如府绸类），上浆率高，织造车间相对湿度也较高，浆纱回潮率可控制在6.5%~7.5%（涤棉织物浆纱回潮率不超过3%）。

为了保证回潮均匀，浆纱挡车工在巡回中应经常注意上浆部分、蒸汽压力、排风情况以及经纱电测回潮等的变化，做好必要的调节，保证回潮稳定。

④合理掌握浆纱伸长率。浆纱伸长率必须掌握在一定范围内，目前一般织物控制在1%以下；细号高密织物（如府绸类）控制在0.7%以下为宜；股线可控制为负伸长率。

减少伸长首先应使机械处于正常状态，上浆、干燥及卷绕部分应保证运转灵活；其次应加强拖引辊包布管理，防止拖引辊圆周长发生较大的变动（平车后及拖引辊包布调换时，应密切注意）。

很多工厂在浆槽与轴架之间加装引纱辊，使经纱在接近无张力情况下进入浆槽，既有利用于降低后段经纱所承受的张力，又有利于提高浆液渗透性能。

⑤认真做好经轴放绞线工作。经轴放绞线次数，一般宜根据经密情况而定，经密高的每浆好1~2只浆轴，放一次绞线；经密小的可每浆好3~4只浆轴，放一次绞线。

（2）提高梭口清晰度。

①在不影响断头的条件下适当增加经纱张力。布面张力过小，使上层经纱松弛，形成开口不清，特别是对于细号高密织物（如府绸、卡其等）。因此适当加大经纱张力，有助于开口清晰度的提高，但过大的经纱张力，易使经向断头增加，故两者必须兼顾。试验证明，如果原纱的浆纱质量较好，适当增加一些张力，对织机经向断头影响不大。以14.5tex×14.5tex 523.5×283根/10cm（40英寸×40英寸 133×72根/英寸）府绸为例，织机采用20~22kg的后梁加压重锤，经纱断头数仍能保持1根以下。

涤/棉纱单强高，与纯棉同品种相比，可适当加大张力，采用中眼或小眼综丝，大开口踏盘以及在不影响布面丰满情况下，降低经位置线，使开口清晰，减少分散性疵点。

为了解决“三跳”疵点，保证经纱张力基本一致，日常生产中，应注意运转三班的量布工作。应由专人负责巡回检查并及时调节，防止因布面松紧而产生“三跳”疵点。

②增加梭口高度。可使上层经纱与梭子的间隙相应放大，使梭子顺利通过梭口而不致产生边部跳纱等疵点。

（3）合理选择织造工艺参变数。合理的织造工艺参变数是指织机开口时间、投梭时间及投梭力三者在一定的速度和织物幅宽条件下协调配合，使梭子飞行于清晰的梭口中，从而避免产生“三跳”疵点。合理选择织造工艺参变数，必须考虑下述几个因素。

①织机开口与两侧投梭时间的关系。跳纱疵点一般在换梭侧产生的机会较多，因此可采取不同的配置，调整两侧织造参变数，即将开关侧的投梭时间适当提早，换梭侧的投梭时间适当延迟。使换梭侧的梭子进入较清晰的梭道，减少产生跳纱疵点的机会。

②织机开口时间与投梭时间以及织机速度的关系。提高织机速度，相对来讲，梭口开足后的停顿时间短，梭子通过梭道的时间短。因此，投梭时间、开口时间必须按织机速度不同而相应调整。一般在车速提高后，开口时间可适当延长，投梭时间可适当提早，投梭力适当增大，使梭子有足够的时间飞行于清晰的梭道中，减少产生跳纱疵点的机会。

③织机开口时间与投梭时间以及织物幅宽的关系。在织制阔幅织物时，由于布幅阔，梭子通过全幅经纱需要的时间相应增加，因此梭子往往在梭口半满开时就进入梭道，或梭口开始闭合时才出梭道。这时，梭子处于梭道两边，梭口高度相对地减少，就更加容易引起边部跳纱疵点的产生。为此，必须相应调整织造参变数，使投梭时间与开口时间配置适当。一般在布幅增阔的情况下，采取早开口和早投梭的工艺。

④经位置线与星跳疵点的关系。调节经位置线高低，一般只调节停经架和后梁的高低。停经架及后梁抬高，上下层经纱张力差异增大，梭口满开时，下层经纱紧，上层经纱松，在同一筘齿中，上层经纱在打纬时，容易左右游动，使经纱排列均匀，获得较为丰满的布面。如果抬得过高，上层经纱过松，经纱相互粘边，使开口不清，容易产生星跳疵点，故在确定经位置线时，必须密切注意。以府绸织物为例，其经位置线可采用：后梁高低为76~79mm（墙板到后杆托脚的距离），相当于

后梁高出胸梁 13~19mm；停经架位置为 19~22mm（停经架托脚到墙板的距离），相当于停经架中央支持棒高出胸梁 5mm。

第四节 断疵、断经

一、概述

经纱断头后，纱尾织入纬向布内形成的疵点，称为断疵。经纱断头后，未织入布内，布面呈现缺少经纱的疵点，称为断经。断疵与断经属同一类型的疵点，由于织机运转时发生断头，而未立即关车，布面就会产生断疵与断经疵点。

经纱断头产生于边组织范围内或边纱筘齿附近，又称边部断经、边部断疵，或简称断边。纬向缩率较大的织物易产生断边。

布面呈现相邻经纱共断少则三四根，多则十余根，称为“一篷头”。它的产生原因极为复杂，有半制品质量不良，也有织部吊综部分机械状态不良等。

经纱未按织物组织形成组织点而沉浮于纬纱上、下的疵点，称为沉纱。沉纱每处长度不规则，断续延伸于布面上，而且大都沉于纬纱之下，在布的反面较为明显。由于综丝状态不良，影响经纱无法随综框正常升降，脱离织物交织点，造成沉纱疵点。

细号高密和高纬密的织物，经纱断头率高于一般织物。如府绸号数细，经密高；灯芯绒、横贡缎织物纬密高，经纱所承受的摩擦力大；黏胶化纤强力低，弹性差，塑性变形大；涤/棉织物细号高密且易产生静电作用等。这些织物由于经纱断头率较高，容易产生断疵、断经和沉纱疵点。

布面产生断疵后，往往在起始点处夹有跳花、跳纱疵点，必须拆疵布以修正，这不仅影响棉布质量的提高，同时降低织机效率。“一篷头”疵点的处理，费时费力，对产品质量影响颇大，严重的断边会影响织机正常生产。

二、断疵、断经形成原因

断疵、断经主要是由于经纱断头造成。在一定程度上，经纱断头的高低是经纱在织造以前各工序半制品质量的综合性反映，也是衡量企业技术管理水平的一个重要标志。造成经纱断头的原因很多，大致有原纱质量不良，准备工序半制品质量不良，特别是浆纱质量不良，综筘保养工作不良，织造上机张力、工艺参数选择不当以及织造车间空调不符合生产要求等，具体影响因素如下。

（1）综框过高或过低，左右不平。

（2）开口量过大或过小，开口时间过早或过晚。

（3）经纱张力过大。

（4）后梁、停经架位置高，上下层经纱张力相差过大、开口不清。

（5）剑头、钢筘、综丝、停经片、剑带等毛糙。

（6）边撑位置过高。

（7）结头、纱尾、飞花绞入经纱。

（8）挡车工对经纱倒断头、绞头处理不当，断头后处理不良，如纱尾长。

第五节 筘路、穿错

一、概述

织物内某根经纱的左侧或右侧同时出现稀密，使经纱排列呈明显的长条线状不匀时，由于钢筘引起的疵点，称为筘路；由于每筘经纱穿入数或多或少以及不按组织图穿筘而造成的疵点，称为穿错。

如细号（支）高密府绸织物，由于采用的钢筘号数高，筘齿密度大，很容易产生筘路和穿错疵点。织制灯芯绒等比较复杂的织物组织，也易产生穿错疵点。

在印染加工后，筘路和穿错疵点会出现各种轻重不同的经向色档，影响印染成品质量。

二、形成原因

（1）筘路。

①钢筘不良。筘齿硬度、弹性不足，或扎筘线、柏油质量不良，打纬时筘片承受不起挤压而产生变形移位，造成筘路；筘齿表面不平，在打纬时，其凸出部位会使两筘齿间的经纱距离增大，而产生明显的筘路；筘齿排列稀密不匀，或部分筘齿松动，均会影响部分经纱密集或稀疏，造成筘路疵点。

②织轴质量不良。织轴上有严重绞头，使经纱张力增大，对钢筘挤压大而产生筘路。

③织机部分机构状态不良。织机运转过程中发生轧梭故障，筘齿受损伤，未妥善修复，造成筘路；边撑盒过分向织口处凸出，造成钢筘碰边撑盒而损伤，使筘齿不匀；综框变成拱形，综夹过紧，影响综丝游动，经纱排列不匀，进一步造成布面稀密不匀；筘帽、筘槽与筘配合不当，筘太紧，造成钢筘变形。

④织造挡车、上轴操作不善。织造时遇到少头（缺少经纱）而借用距离较远的

边纱，对停经片产生过大的横向拉力；织机断头后，挡车工处理断头时，经纱穿错筘齿，产生筘路；采用花筘穿筘，易损坏片排列均匀；挡车工处理停台，筘片被梭尖撞坏；上轴时，停经托架处分纱不匀，使部分经纱密集，或几片综框的综夹重叠在一条直线上，均易产生筘路疵点。

（2）穿错。主要是由于挡车操作不慎造成。

①穿经操作不慎，破坏了织物原有的组织规格。

②织机处理经向断头不慎，筘综误穿，破坏原有组织规格。

第六节　经缩（吊经）

一、概述

部分经纱在织造过程中因受较大的意外张力而松弛，或经纱张力调节不当，以致织入布内的经向屈曲波很高，如波浪状，称为经缩疵点，反之，接近无屈曲波则称为吊经。经缩程度轻的疵点，称为经缩波纹，严重的疵点，称为经缩浪纹。

经缩疵点大体上有两种形态。经向成条状或块状，是由于部分经纱互相纠缠，引起后梭口开口不清，出现少数经纱呈过紧或过松的状态。过松的经纱呈现在布面上，屈曲波较高，称为经缩，纬向一直条的包括经缩一梭、二梭、三梭及以上（仅有一梭的称歇梭），是因成片经纱张力不匀或伸长不匀所致。纬向一直条的经缩多数是通幅的，但也有半幅呈浪纹、半幅呈波纹的。

二、经向成条、块状的经缩（吊经）形成原因

1. 运转操作不良

（1）经纱扭缩（俗称小辫子），使开口时纠缠邻纱，产生经缩（或吊经）疵点。经纱扭缩形成的主要原因如下。

①细纱机开始关车后，锭速急剧下降，钢丝圈已经不相适应，纺出细纱的张力迅速变小，纱线逐渐变得松弛，从而构成扭结的条件；加之传动机构有滞后作用，锭子虽停而前罗拉稍有转动，使纱线继续松弛；以及个别钢丝圈在钢领板跑道上还发生倒退现象，因此造成管纱到前罗拉之间的纱线扭成小辫子。另外在落纱后插上空管时，关车产生的小辫子会卷入管纱底部。

②络纱接头操作拉纱过长，接头后纱未拉直即放下，或入纱过快，纱线松弛打扭而产生小辫子。

③涤纶经纱一般不经过定捻处理，如在整经时因故突然停车，纱线则因惯性作

用仍有少量退绕，使筒子与张力盘之间产生小辫子；断头后接头以及预备筒子接头后纱线未拉直也会产生小辫子。

④涤纶弹性伸长大，涤/棉纱纺出的捻度一般又比同号纯棉纱大，因此稍有松弛，就会自行扭结，形成长短不一的小辫子。

(2) 络纱、整经造成的大结头、脱结、活络球、飞花、回丝附入、结头纱尾过长等经纱上的疵点，在织造开口时，会纠缠邻纱，造成经缩疵点。

(3) 整经断头后，寻头不清、补头不良将增加浆纱倒断头。

(4) 整经机停台时间较长，开车时未清除飞花，造成大量小飞花附着。

(5) 浆纱了机补头不齐或前筘齿有断头未及时发现，大量经纱在筘齿处撞断，造成倒断头和绞头，使经纱张力呈现忽紧忽松。

(6) 浆纱质量差，纱身毛羽多，使邻纱粘连，织造开口不清。

(7) 浆轴夹纱工具不良，落轴后产生绞头，或浆轴中途在筘齿中搬头。

(8) 结经机经纱梳理工作不良，造成绞头。

(9) 织机停经片内飞花、回丝未及时清除，揩车时棕毛落入梭口等，均会增加飞花吊经机会。如巡回时间过长，则造成长吊经疵点。

2. 工艺配置不当

停经片穿法采用1、2、3、4顺穿（双面卡其），容易发生1与1、2与2、3与3、4与4同页停经片间的经纱被少量飞花或纤维搭结而造成吊经疵点。

3. 机械状态不良

(1) 整经机断头，关车失灵。经纱断头后未及时停车，以致纱尾和邻纱纠缠。

(2) 整经轴压力过轻，空轴与大辊筒间两边间隙不一，经轴两边受压不匀以及经轴跳动等，造成喇叭形经轴，致使浆纱时产生大量浪头、绞头和倒断头。

(3) 高速浆纱机热风量过大，轻浆或无浆的经纱片（特别是边纱）被吹乱而造成大量绞头，增加吊经、经缩机会。

三、纬向一直条的经缩波纹、浪纹形成原因及消除方法

1. 运转操作不良

(1) 织机停车后，综框未放平，使经纱在一个较长的时间内，所受的张力不一，开车时造成经缩疵点。

(2) 织机运转中产生轧梭，经纱意外伸长较大，开车前未做好经纱的处理工作。

(3) 织机停开车操作不善，造成开车歇梭疵点。

(4) 上轴吊综不良，两层经纱高低不一，使经纱张力不匀。在四页卡其织物

中，一页偏高或一页综一面偏高，偏高部分易产生开车歇梭和经缩波浪纹疵点。

2. 工艺配置不当

织机经位置线配置不当，如后梁位置过高，上、下层经纱张力差异太大，容易造成开车歇梭或波浪纹经缩疵点。

3. 可采用的消除方法

（1）加强络筒、整经接头操作管理，结头应符合标准。

（2）整经工序可采取以下措施，以减少纱线扭缩。适当缩短筒子的导纱距（一般为17~19cm），使纱线退绕时，自由纱段减少，纱段与筒子的包角增大，以增加摩擦；张力圈适当加重，或使用胶木张力圈，以增加摩擦系数；停车后再开车，应先开慢车，使突然停车所产生的扭缩（小辫子），至车头处加以处理，以防扭缩纱线卷入轴内。

第七节　其他织疵

一、脱纬、双纬

织物表面有三根及以上的纬纱，同处在一个梭口内形成的疵点，称为脱纬。常规的脱纬多数是纬纱退绕气圈连同两根或四根的脱圈纱一同带入梭口的纬向疵点。它与织机换梭侧皮结起毛或皮仁铆钉脱出，勾住纬纱气圈造成类似脱纬的长毛边有所区别。

同一梭口内，多根纬纱合并隆起在布面上，不仅影响织物外观，而且由于局部经纱受纬向高强度的挤压与日常洗刷摩擦，影响穿着牢度。

平纹织物的纬向组织中，如缺少一纬或半纬，而使两根纬纱并合在一起形成的疵点，称为双纬。如果在双纬中夹有稀弄（布面上有稀疏空档），称为断稀。平纹织物中的双纬、断稀与卡其织物中的百脚（缺一纬的单百脚和缺两纬的双百脚），均属同类型的纬向疵点。

二、稀纬、密路

布面上呈现纬密不正常，经向1cm内少2根的（包括纬向长12cm以下的）疵点，称为稀纬。经向1/2cm的纬密多20%及以上的疵点，称为密路。布面上缺纬而形成一条明显空档的疵点，称为稀弄，这类疵点在处理时必须剪除。稀纬、密路疵点在布面上十分明显，经印染加工后，因吸色性能不同，形成染色横档，影响成品质量。

稀纬、密路疵点在纬密较低的织物上容易产生，特别在薄型织物上更为明显。因薄型织物的纬纱号（支）数细、根数少，即使缺少 1/2 根或 1 根，虽为数不多，但所占比例大，故比较明显，应特别注意。

稀纬、密路疵点多在织机停关后开出时，或运转中自动换梭时产生，由于打纬机构、换梭诱导和送经卷取等机构不正常造成。此外，对生产品种的性能特点不熟练、织机停台开车的操作方法不适当、对机械性能不掌握也最易产生稀纬、密路疵点。

形成原因如下。

（1）打纬机构的间隙过大。停台开车的第 1～2 梭由于尚未产生惯性作用，打纬力较弱，如果打纬机构部件的间隙较大，使打纬力不足，就会产生稀纬或歇梭疵点。

（2）边撑杆不平直，关车时经纱张力变化不均匀，开车时容易造成布面中央歇梭或稀纬现象。

（3）送经与卷取机构不良。

①送经、卷取各齿轮如果啮合过紧或被杂物轧住，卷取锯齿轮得不到应有的回牙作用。

②卷取保持钩和卷取钩在断纬时没有完全抬起，以致卷取锯齿轮回牙不足或不回牙。

③上机张力较大的织物，开车时会产生密路疵点。

三、缺纬

在剑杆织机生产过程中有小缺纬的现象，即在出口侧 20cm 的距离内缺一段纬纱而织机不停车，形成侧边小缺纬疵点，这是剑杆织机主要织疵之一。

产生原因与消除方法如下。

（1）经纱浮长过长，绞边纱难以绞住纬纱，以致纬纱在弹力作用下产生回缩形成边部缺纬。针对这种情况，一般边部用平纹或重平组织。

（2）开口时间过迟。将开口时间提前 5°～15°。

（3）储纬器纬纱张力调节不当，纬纱张力调节双簧片调节得过紧。

（4）纬纱质量差。

四、段织和云织

段织和云织是织物纬纱密度出现一段稀一段密，或者是片段稀密不匀，如云斑状的织疵。该类疵点全幅性的居多，亦有半幅性或局部性的。

段织和云织是同一性质的织疵，只是在程度上有所不同。段织又有厚段（在一定经向长度内纬密超过标准）及薄段（在一定经向长度内纬密低于标准）之分。凡是在布面上明显的纬纱密度段稀段密，又能划分得开，叠起来又看得出的疵点，称为云织。纬纱采取给湿定型的织物，如卡其织物，由于部分纬纱经过给湿后，表面含水太多，与内层较干的纬纱形成干、湿间隔的纬向横档，称为湿纱云织。

由于送经机构、卷取机构不良、失常所造成的段织和云织，一般反映为纬密偏低，或布面上出现纬向规律性密段。

第四章　纺织品价格核算

第一节　价格构成与纵向价格体系

一、价格

（一）价格的概念

世界上任何物质都具有一定的价值，而被开发和生产出来的物质及产品一经推向市场用于交换，就成为商品，而商品本身的价值，就要以价格的形式来体现。因此价格是商品价值的货币表现形式。

（二）决定和影响价格的因素

1. 主要因素

首先，商品的价格要能够补偿生产过程中的劳动消耗（原材料成本及工费等），并取得盈利。如果价格等于劳动消耗，则生产者无利可获；如果价格低于劳动消耗，则生产者要赔本。

其次，各行业所生产的各种商品总量能与社会对各种商品需求量相适应，从而使各企业都能按等价原则实现商品交换。某种商品产量大于需求量，则商品价格就要降低；反之商品价格就会升高。

2. 其他因素

（1）市场供求。只要存在商品经济就必然存在市场。市场是商品交换关系的总和，专指为商品买卖集中场所，泛指商品交换领域。市场的供求决定了商品的价格，供给以需求为目的，需求以供给为前提。当供求平衡时，商品的价格等于价值；当供不应求时，商品的价格高于价值；当供过于求时，商品的价格低于商品的价值。

（2）货币价值。货币本身价值与国家经济状况紧密相连，当发生经济危机时，货币则贬值，物价上涨，所以商品价格与货币价值成反比。

（3）成本和折旧费。成本估算和折旧费提取也会影响价格，夸大成本，可造成价格偏高；而折旧费提取不足，则造成价格偏低。

（4）商品流通区域。同一种商品在不同区域销售，因流通费用的发生，将会造成不同的价格。如果对流通所用费用估算不足甚至不予考虑，使地区差价过小或无差价，就会使价格失真。

二、价格构成

价格主要由生产成本、流通费用、利润和税金构成。

（一）生产成本

1. 成本的构成

生产成本主要包括生产商品所需的原材料、所用的生产成本、所用设备的折旧费用及生产者和管理者的工资。

2. 成本的作用

首先，对成本的估算是规定商品出售价格的最低界限，以补偿各种支出。生产成本的实现是企业再生产的最低条件。

其次，对成本的估算是制订商品价格的主要依据，商品价格低于成本，是生产者和经营者所不能接受的。

再次，降低成本可使商品在市场上更具有竞争力。因为成本降低，价格则可以降低，同质低价的商品更为消费者所青睐。

（二）流通费用

有的商品是一地生产多地销售，有运输费用发生；有的商品是季节性生产全年销售或全年生产季节性销售，有保管和储存费用发生；此外还有卖方营销人员的差旅费和交际费、中介方的提成费、买方人员的回扣费等其他费用，这些均为商品的流通费用。

（三）利润

利润即盈利，追求盈利最大化是生产者和经营者的最终目标。依据商品流通环节的不同可分为工业利润和商业利润，也可称为生产者利润和经营者利润。

工业利润=产品出厂价格-生产成本-税金

商业利润=商品价格-生产成本-流通费用-税金

（四）税金

税金是国家纯收入的主要形式，是国民经济的命脉。税金收取具有强制性，无论是生产者还是经营者，都要依照国家税法向国家纳税，偷税和漏税者将会受到法律制裁；税金交纳具有无偿性，因为所有税收归国家所有，用来造福全民；税收又具有固定性，所交纳的税金数额并不是朝令夕改、各行其令，而是在法律有效期内具有稳定、连续的法律效力。

税金可分价外税和价内税。价外税是税金不构成价格的组成部分，以不含税价格作为计税依据的税。价外税把税金作为价格的附加转移给消费者负担，间接调节消费，如增值税。价内税是税金作为价格的组成部分，以含税价格作为计税依据的税。价内税高低可以直接影响商品的利润，如消费税、营业税、关税等。

三、价格的习性

首先，价格具有综合反映性，通过价格的变化可反映出国家或地区的货币价值、财政状况、市场供求关系及国家政策。

其次，价格具有系列衔接性，无论是农产品收购，还是工业品出厂，都要通过商业部门经批发、零售等多个环节才能到达消费者手中，某一环节的价格变化都会引起商品最终价格的变化。

再次，价格具有利益消长性，产（供）、求双方利益此消彼长，因此商场如战场，讨价和还价的实质是利益的争夺。

四、纵向价格体系

纵向价格体系是指同一种商品在社会再生产过程中，由于购销环节、购销地区、购销季节或质量不同而形成的不同价格及其相互关系的总和。

纵向价格体系实质上反映了生产、经营、消费各方面利益及相互经济关系。合理安排各种商品差价，对促进商品生产、扩大商品流通，满足消费需求，实现社会总供给和总需求的基本平衡有着重要作用。

（一）纵向价格体系的内容

1. 生产领域价格

生产领域价格又称生产者价格，是由生产部门的生产者出售商品的价格。生产者价格主要包括农产品收购价格、工业品出厂价格、交通运输价格、建筑产品价格等。前两者为纯粹的生产者价格，而运输和建筑则为生产者价格和消费者价格合二为一的价格。

2. 流通领域价格

流通领域价格又称经营者价格，是指商品流通过程中各中间环节的价格。

（1）批发价格。批发价格是指批发企业将购进的商品转售给零售商所用的价格。其价格与所购商品用途及购买者身份无关，仅与所购商品数量有关，达到起批点就可享受批发价，购入批量越大，商品价格越低。

（2）调拨价格。调拨价格是国营商业和物质部门系统内部各企业之间调拨商品的结算价格。调拨价格与所购商品数量无关，只与购买者身份有关，一般高于进货价，低于批发价。调拨价格是计划经济的产物，随着社会发展和企业体制的改革已经逐步被优惠价格和客户价格所取代。调拨价格与进货价格的差额应能补偿销售费用、税金，并能取得一定利润。

3. 消费领域价格

消费领域价格又称为消费者价格或零售价格，是经营者向消费者出售商品时所使用的价格。零售价格由进货价格、零售流通费用、零售税金和零售利润构成。

（二）商品差价

同一种商品在生产、流通和消费三个领域中，由于销售环节、销售地区、销售季节或产品质量不同而形成了价格差额，各类商品差价的总和构成了纵向价格体系的具体内容。

1. 购销差价

购销差价是为了弥补产品收购、运输、储存、调拨和销售过程中所发生的流通费用，交税并取得合理的利润所形成的。

$$购销差价=批发价格-出厂价格$$

2. 批零差价

批零差价是指同一种商品，在同一时间、同一市场，批发价格与零售价格的差额。其差价是为了弥补流通费用，交税并有一定利润所形成的。

$$批零差价=零售价格-批发价格$$

3. 地区差价

地区差价是指同一种商品，在同一时间、同一流转环节，不同地区的购销价差额。

地区差价的形成，一是因自然条件、生产条件、经济条件等差异造成的成本和价格的不同；二是因产品有的是一地生产多地消费，有的是农村生产城市消费，有的是城市生产农村消费，产品由产地向销地转移所形成的流通费用不同而造成。

$$地区差价=销地价格-产地价格$$

4. 季节差价

季节差价是指同一种商品，在同一市场、同一流转环节，不同季节的购销价差额。

季节差价的形成，一是因储存季节差价，有的产品长年生产季节性消费，如电风扇只在夏季为销售高峰，价格亦贵；有的产品季节性生产长年消费，如粮食收获季节价格较低。二是因淡旺季差价，工业品在销售旺季较贵；农产品在上市旺季便宜；电信业务在晚上收费低；客运在春节期间加价。三是因时鲜差价，地面果菜便宜，大棚果菜贵；死鸡死鱼便宜，活鸡活鱼贵；日常服装便宜，时装贵。

季节性差价的计算办法为：

$$季节性差价=季节价格-基价（全年最低价）$$

形成季节性差价的原因可归为两大类，一是淡旺季生产成本造成的，如大棚果菜生产成本高，所以价格亦高；二是储存费用造成的，产品生产出来以后，如不及时售出，既占用资金又要花费储存费用，还会增加耗损，这些费用最终都包含在产品的价格中，由消费者来负担。对于工业品，可在淡季实行季节性折扣，又称为优惠价，以此来刺激消费，减少库存，减少商品损耗，减少资金占用，加快资金周转，提高资金利用率。

第二节　原色布出厂价格的制订

一、中等水平原材料成本的制订

（一）原料成本

原料成本是指产品所耗用的各类纱、线及长丝的价值。其计算公式为：

百米原料成本（元/百米）= 经纱单价（元/kg）×经纱用纱量（kg/百米）+ 纬纱单价（元/kg）×纬纱用纱量（kg/百米）

1. 原纱、线单价计算

根据织布厂一般使用原纱、线形态，原色布耗用的原纱、线单价统一规定为按筒子纱、线的出厂价格加1%的原料经营管理费。计算公式如下：

$$原纱、线单价（元/kg）=\frac{筒子纱、线出厂价格（元/t）}{1000kg}\times(1+1\%经管费)$$

原纱单价计算到元，元以下保留四位小数，尾数四舍五入。

2. 用纱量计算

（1）经纱用纱量的计算。棉织物所用纱线大多用英支（S）表示细度，英支为定重制，即一磅重的纱线，有多少个840码长即为多少英支，支数越高，纱线越细。其表达式为：

$$纱线支数（英支）=\frac{纱线长度（码）}{纱线重量（磅）\times 840} \tag{4-1}$$

假如知道纱线长度和支数，也可由式（4-1）求出纱线重量。

即：

$$纱线重量（磅）=\frac{纱线长度（码）}{纱线支数（英支）\times 840} \tag{4-2}$$

在100m长的原色布中，因受经纱织缩率、经纱伸长率、自然缩率及放码损失率的影响，100m长的原色布所使用的经纱长度大多长于100m，经纱长度计算公式为：

$$百米布经纱长度=\frac{100\times 1.0936\times 总经数\times(1+自然缩率及放码损失率)}{(1-经纱织缩率)(1+经纱伸长率)} \tag{4-3}$$

式中，100×1.0936 为 100m 布折合成的码数。即：1m＝1.0936 码。

因为：

$$1\text{磅}=0.4536\text{kg} \tag{4-4}$$

将式（4-3）和式（4-4）代入式（4-2），并考虑到经纱回丝率，得百米经纱用量公式（4-5）：

$$\text{百米经纱用量（kg/百米）}=\frac{100\times1.0936\times\text{总经数}\times(1+\text{自然缩率及放码损失率})\times0.4536}{\text{纱线支数（英支）}\times840\times(1-\text{经纱织缩率})(1+\text{经纱伸长率})(1-\text{经纱回丝率})} \tag{4-5}$$

按作价规定：

经纱伸长率：单纱 1.2%；股线 0.3%；

回丝率：经纱 0.3%；纬纱 0.7%；

自然缩率及放码损失率：1.25%；

调整因素：经纱用纱量计算结果乘（1+0.5%）；全纱平纹织物经纱用纱量再乘（1+1%），全纱平纹织物纬纱用纱量计算结果再乘（1+1%）。

由式（4-5）将所有常数提出得经纱用纱量常数。

$$\text{经纱用纱量常数}=\frac{100\times1.0936\times(1+\text{自然缩率及放码损失率})\times0.4536}{840\times(1+\text{经纱伸长率})(1-\text{经纱回丝率})} \tag{4-6}$$

经纱用纱量常数除以所用经纱支数即为各支经纱用纱量系数。

$$\text{各支经纱用纱量系数}=\frac{\text{经纱用纱量常数}}{\text{经纱支数}} \tag{4-7}$$

式（4-7）代入式（4-5）得经纱用纱量最终计算公式：

$$\text{经纱用纱量（kg/百米）}=\frac{\text{总经数}}{\text{各支经纱用纱量系数}\times(1-\text{经纱织缩率})} \tag{4-8}$$

计算所得百米经纱用纱量应保留四位小数，第五位四舍五入。

将作价规定各织缩率代入公式（4-6），可得各类原色布经纱用纱量常数。

①全纱平纹织物。

$$\text{经纱用纱量常数}=\frac{100\times1.0936\times0.4536\times(1+1.25\%)}{840\times(1+1.2\%)\times(1-0.3\%)}\times(1+0.5\%)\times(1+1\%)$$
$$=0.060153$$

②线经织物。

$$\text{经纱用纱量常数}=\frac{100\times1.0936\times0.4536\times(1+1.25\%)}{840\times(1+0.3\%)\times(1-0.3\%)}\times(1+0.5\%)=0.060092$$

③其他纱经织物。

$$经纱用纱量常数=\frac{100\times1.0936\times0.4536\times(1+1.25\%)}{840\times(1+1.2\%)\times(1-0.3\%)}\times(1+0.5\%)=0.059557$$

（2）经织缩率的计算。

$$经织缩率=(经密\div2+纬密)\times(经支+纬支)\times分档系数$$

“经密÷2+纬密”的计算，小数全部保留；“经支+纬支”，如系股线，应折成单纱计算，例如，“42/2+42/2”应为“21+21”共42支；凡不足1支者，应作1支计算。

（3）纬纱用纱量的计算。

$$百米原色布纬纱总长度L（码）=筘外幅（英寸）\times纬密（根/英寸）\times100\times1.0936\times(1+自然缩率及放码损失率) \quad (4-9)$$

式（4-9）代入式（4-2）：

$$纬纱重量（磅）=\frac{筘外幅（英寸）\times纬密（根/英寸）\times100\times1.0936\times(1+自然缩率及放码损失率)}{纱线支数（英支）\times840} \quad (4-10)$$

将重量单位折合成千克，并考虑纬纱回丝率，得百米纬纱用量计算公式：

$$纬纱用纱量（kg/百米）=\frac{筘外幅（英寸）\times纬密（根/英寸）\times100\times1.0936\times(1+自然缩率及放码损失率)\times0.4536}{纱线支数（英支）\times840\times(1-纬纱回丝率)} \quad (4-11)$$

由式（4-11）分离出纬纱用纱量常数：

$$纬纱用纱量常数=\frac{100\times1.0936\times(1+自然缩率及放码损失率)\times0.4536}{840\times(1-纬纱回丝率)} \quad (4-12)$$

纬纱用纱量常数除以所用纬纱支数即为各支纬纱用纱量系数。

$$各支纬纱用纱量系数=\frac{纬纱用纱量常数}{纬纱支数} \quad (4-13)$$

将式（4-13）代入式（4-11）得百米纬纱用纱量最终计算公式：

$$纬纱用纱量（kg/百米）=各支纱纬纱用纱量系数\times纬密（根/英寸）\times筘外幅（英寸） \quad (4-14)$$

计算所得百米纬纱用纱量应保留四位小数，第五位四舍五入。

将作价规定各织缩率代入公式（4-12），可得各类原色布百米纬纱用量常数。

①全纱平纹织物。

$$纬纱用纱量常数=\frac{100\times1.0936\times0.4536\times(1+1.25\%)}{840\times(1-0.7\%)}\times(1+1\%)=0.060816$$

②其他纱经、线经织物。

$$纬纱（线）用纱（线）量常数=\frac{100\times1.0936\times0.4536\times(1+1.25\%)}{840\times(1-0.7\%)}=0.060214$$

（4）筘外幅的计算。

$$筘外幅（英寸）=\frac{总经根数-边纱根数\times\left(1-\frac{地组织每筘穿入根数}{边组织每筘穿入根数}\right)}{筘号\times地组织每筘穿入经纱根数}\times2$$

计算所得筘外幅一律保留两位小数，第三位四舍五入。式中筘号为英制筘号，以2英寸筘面长度内的筘齿数表示。

（5）筘号的计算。

①除府绸外及经密不足100根/英寸的织物。

$$筘号=\frac{(经密-1)\times0.95\times2}{地组织每筘穿入经纱根数}$$

②府绸及经密超过100根/英寸的织物。

$$筘号=\frac{(经密-1)\times0.95\times2}{地组织每筘穿入经纱根数}+2$$

计算所得筘号取整数，如遇小数四舍五入。

（6）总经根数的计算。

①未加边纱的总经根数计算。

$$总经根数=经密（根/英寸）\times幅宽（英寸）$$

②包括边纱的总经根数计算。

$$总经根数=经密（根/英寸）\times幅宽（英寸）+边纱根数\times\left[1-\left(\frac{地组织每筘穿入经纱根数}{边组织每筘穿入经纱根数}\right)\right]$$

以上两式中，以经密×幅宽计算所得的总经根数要取整数，并且应为地组织每筘穿入经纱数的整数倍。如不符合要求，只增不舍调整至合乎要求为止。

也有简便算法，比较粗糙些，计算如下：

$$经纱用纱量=\frac{英制经密\times门幅（英寸）\times0.65}{经纱英制支数}$$

$$纬纱用纱量=\frac{英制纬密\times门幅（英寸）\times0.65}{纬纱英制支数}$$

（二）包装材料成本

包装材料成本是指包装产品所耗用的材料价值。纺织品大多用包布或麻绳捆扎的方式包装，也可按客户要求包装。

包装材料成本应据实计算。

二、中等水平工费成本的制订

工费成本是指除原料、包装材料以外的燃料、浆料、动力、工资及职工福利基金、车间经费、企业管理费等的成本支出。工费成本分别按准备、织造、整理三大工序计算。

(一) 准备工费成本

准备工费成本按各类产品的总经根数，分别乘以各档“百米每根纱的工费”(简称“百米一经工费”) 成本计算。各档“百米一经工费” (单位为元/百米一经) 可根据工厂的工人技术水平、设备状况、职工工资水平等因素统计测算。计算公式如下。

(1) 总经根数在1000根及以下者。

准备工费=1档百米一经工费×1000根

(2) 总经根数在1001~2000根者。

准备工费=1档单价×1000根+2档单价×(总经根数-1000根)

(3) 总经根数在2001~3000根者。

准备工费=(1档单价+2档单价)×1000根+3档单价×(总经根数-2000根)

(4) 总经根数在3000根及以上者。

准备工费=(1档单价+2档单价+3档单价)×1000根+4档单价×(总经根数-3000根)

以上计算公式适应于单层且幅宽在63英寸及以下的原色布；双层布及63.1英寸以上的宽幅原色布，在计算准备工费时，应先将总经根数折半后代入以上公式计算。如幅宽为63.1~75英寸，计算结果乘以2.4倍；如幅宽为75.1英寸以上，则计算结果乘以2.6倍。

准备工费成本保留两位小数。

(二) 织造工费成本

各类产品的织造工费成本按各类产品的纬密乘以该类产品百米一根纬密工费成本计算。百米一根纬密单价可通过统计、测算求得。织造工费成本与织机类型及纬密有关，一般剑杆织机百米一根纬纱0.03元。

剑杆织机每米织造费用=产品纬密 (根/英寸)×百米一纬工费 (元/百米一纬)

喷气织机每米织造费用=[产品纬密 (根/英寸)/2.54]×0.1

(三) 整理工费成本

整理工费包括验布、挂码、打包等工费，可按各类品种及包装类型等不同统计、测算得出，一般打包费用每米0.1元。

三、原色布出厂价格的计算

原色布出厂价格=原材料成本+工费成本+利润+税金

原色棉布（帆布）出厂价格以元为单位，元以下四舍五入。

第三节　印染布出厂价格的制订

一、原材料成本

（一）坯布成本

在计算印染布价格时，要按坯布出厂价格加经营管理费计算。

印染用坯布成本=坯布出厂价格×(1+15%经营管理费)×用坯量

坯布用坯量见表4-1。

表4-1　百米用坯量

坯布类别	百米用坯量
中、粗支平布，绒平布，两股帆布	97%
细布，斜纹，哔叽，伞布，羽绸，绉纹布，提花布，绒布，府绸，纱卡，半、全线华达呢，三股以及上帆布	98%
半、全线卡其，罗缎，直、横贡，灯芯绒，本白衬布，高密府绸	99%
麻纱，蚊帐布，药纱布，麦尔纱，玻璃纱，稀薄细布，60支纱、线及以上平纹织物	99.5%
泡泡纱	108%

注　（1）轧花工艺的用坯量另加1%。

（2）稀薄细布指平均纱支在30~35支、每百平方米用纱量在9.5kg及以下和平均纱支在36~40支，每百平方米用纱量在8.5kg及以下的织物。

（二）色布染化料成本

色布染化料成本=染化料单价（元/kg用纱量）×百米坯布用纱量（kg）

（1）每千克用纱量染化料单价，可视不同染料价格及实际用量，抽样并计算求得。

（2）计算染化料时的用纱量，1kg以下取两位小数，不足8kg的按8kg计算。

一般活性染料春夏面料每米染费1.5元，秋冬面料每米染费2.8元；涤纶春夏面料每米染费1元，秋冬面料每米染费2元。

（三）花布染化料成本

花布染化料成本=染化料单价（元/英寸坯宽）×坯布幅宽（英寸）

花布染化料单价可根据不同类别、不同幅宽织物的染化料用量抽样统计求得。一般根据门幅 2~5 元不等。

(四) 包装材料成本

按不同织物不同包装的实际包装材料费用计算。

二、工费成本

色布及花布的工费成本可按不同幅宽、不同类别织物实际发生工费抽样统计求得。

三、印染布出厂价格

印染布出厂价格（元/百米）= 原材料成本+工费成本+利润+税金

原材料成本（元/百米）= 坯布成本+染化料成本+包装材料成本

印染布出厂价格保留至角，角以下四舍五入。

第四节　柞丝绸出厂价格的制订

本办法适用于柞丝绸及柞丝与其他纤维交织绸产品的作价。各类交织绸作价属类的标准应以经用原料来确定，如果经用原料为两种类型，应按经丝用料所占比重划分作价属类。

一、生坯绸出厂价格的制订

(一) 坯绸成本

坯绸成本是原料成本、染化料成本、工费成本的总和。

1. 原料成本

原料成本 = 百米坯绸用丝量（kg）×原料单价（元/kg）

如果经纬原料种类、细度、单价不同，则经纬原料成本要分别计算。

（1）原料用量。坯绸用丝量应根据“产品织物设计表”的用丝量计算。

$$百米坯绸用丝量（kg）= \frac{设计每匹用丝量（kg）}{坯绸匹长（m）} \times 100（m）$$

①设计每匹经丝用丝量。

$$每匹经重（kg）= \frac{总经数（根）\times 经丝线密度（dtex）\times (1-浆伸率) \times 整经长度（m）}{1 \times 10^7 \times (1-捻缩率) \times (1-蒸煮缩率)}$$

每匹经丝用丝量（kg）= 每匹经重×(1+经丝损丝率)

②设计每匹纬丝用丝量。

$$每匹纬重（kg）= \frac{坯布纬密（根/cm）×筘外幅（cm）×纬丝线密度（dtex）×坯绸匹长（m）}{1×10^7×(1-捻缩率)×(1-蒸煮缩率)}$$

每匹纬丝用量 = 每匹纬重（kg）×(1+纬丝损丝率)

③坯绸重量。

坯绸重量（kg）= 每匹经重（kg）+每匹纬重（kg）

④设计每匹绸用丝量。

每匹坯绸用丝量（kg）= 每匹经丝用丝量（kg）+第匹纬丝用丝量（kg）

作价损丝率规定为薄绸1%～2%；中厚绸3%～4%；厚绸不超过5%。

（2）原料单价。原料单价（元/kg）要按实际购入价格外加经营管理费来计。

2. 染化料成本

（1）色织绸的色丝染料费、漂丝费列入染化料成本中，其单位为元/kg。

（2）浆丝的染料费包括在工费成本中，不计入本项。

染料费、漂丝费 = 定额费用（元/kg）×色丝重量（kg）

3. 工费成本

工费成本按各产品需要的定额生产工时和每一工时平均单价计算。

（1）准备工时。

准备工时（工时）= 额定工时（工时/kg）×百米用丝量（kg）

额定工时应视不同原料、不同工艺流程、不同生产设备分别统计测定。

（2）力织工时。力织工时分为基本工时和辅助工时。

①基本工时。

$$基本工时（工时）= \frac{基本工时（工时/百米）}{看台量（台）×台时产量［m/(台·h)］}$$

看台量根据织机类型、织物幅宽、织物类别等因素分别统计确定。

$$台时产量［m/(台·h)］= \frac{每小时纬丝织入根数［根/(台·h)］}{坯绸每米纬丝数（根/m）}$$

每小时织入纬丝数 = 织机车速（r/min）×60（min）

②辅助工时。辅助工时是指保全、保养、机修、清洁等所用工时，一般按基本工时的40%计算。

（3）检验整理工时。一般额定为每百米3工时。

坯绸工费成本（元）= 每工时单价（元/工时）×(准备工时+力织工时+验整工时)

（二）坯绸出厂价格

坯绸出厂价格分为平均出厂价和一等品出厂价两种。

$$坯绸平均出厂价（元/百米）=\frac{坯绸全部成本\times(1+坯绸成本利润率)}{1-坯绸计价税率}$$

$$坯绸一等品出厂价=\frac{坯绸平均出厂价}{折一等品数量}\times100$$

出厂价格以元为单位，元以下四舍五入。

折一等品数量即平均价格的百米绸相当于一等品价格绸的数量。

轻薄绸、薄绸折一等品绸折率为 96.5%；中厚绸、厚绸折一等品绸折率为 98%；色织绸折一等品绸折率为 97%。

二、成品绸出厂价格的制订

（一）成品绸成本

成品绸成本也是原料成本、染化料成本和工费成本的总和。

1. 原料成本

成品绸原料成本（元/百米）= 坯绸平均出厂价×成品绸用坯量

$$=坯绸平均出厂价\times\frac{坯绸设计匹长（m）}{成品绸设计匹长（m）}\times100$$

2. 染化料成本

练绸成本（元/百米）= 练绸定额单价（元/kg）×坯绸用丝量（kg）

漂绸成本（元/百米）= 漂绸定额单价（元/kg）×坯绸用丝量（kg）

染色绸成本（元/百米）= 染色绸定额单价（元/kg）×坯绸用丝量（kg）

印花绸成本（元/百米）按不同幅宽、不同套色数的染化料单价（元/百米）计算。

3. 工费成本

根据练、染、烫、印、整以及特殊工艺等类别和织物幅宽分别确定。

（二）成品绸出厂价格

$$成品绸平均出厂价（元/百米）=成品全部成本（元/百米）\times\frac{(1+成品绸成本利润率)}{1-成品绸计价税率}$$

$$成品绸一等品出厂价（元/百米）=\frac{成品绸平均出厂价元/百米}{折一等品数量}\times100$$

各类绸折一等品数量为：轻薄绸、薄绸、生整、练、漂、染均为 96.5%；印花绸为 98%；中厚绸、厚绸全部为 98%；色织绸均为 97%。

第五节　桑丝绸、人丝绸、合纤绸的作价办法

一、坯绸出厂价格的制订

坯绸出厂价格由中等成本、利润及税金组成。

（一）中等成本

1. 原料成本

原料成本=[经丝原料用量（kg）×经丝单价（元/kg）+纬丝原料用量（kg）×纬丝单价（元/kg）]-下脚料、废料、原料包装回收费

（1）经丝原料用量。

$$经丝原料用量（kg/百米）=100（m）×总经数（根）×(1+织缩率)×(1+捻缩率)×(1+浆伸率或1-浆缩率)×(1+其他工艺缩率)×并合根数×\frac{原料细度（旦）}{9000×1000}×(1+经丝回丝率)$$

上式中，如不含（1+经丝回丝率），则为坯绸经丝净重。

（2）纬丝原料用量。

$$纬丝原料用量（kg/百米）=100（m）×纬密（根/cm）×钢筘外幅（cm）×(1+捻缩率)×(1+其他工艺缩率)×并合根数×\frac{原料细度（旦）}{9000×1000}×(1+经丝回丝率)$$

上式中，如不含（1+纬丝回丝率），则为坯绸纬丝净重。

（3）用丝量计算说明。

①原料用量（kg/百米）保留三位小数。

②公制式英制计量的原料细度要换算成旦。

③经丝或纬丝如为不同原料，应分别计算用丝量。

2. 工费成本

工费成本=准备工费+力织工费+坯绸验整工费+花本、改机费+外部加工费

（1）准备工费。不同工艺的原料组合，其工时定额应按白丝、色丝、捻丝及所使用的设备情况分别抽样统计得出。

$$准备工费（元）=经纬各工序分别累计工时定额［元/(kg·h)］×工时单价（元/h）×经纬分别原料用量（kg）$$

（2）力织工费。力织工费的计算同柞丝绸。

(3) 坯绸验整工费。一般额定为每百米3工时。

(4) 花本、改机费。花本费为提花织物所特有，可视花板数多少、意匠难易程度等估算得出。

改机费为机台品种更换时才发生，但应分摊到产品价格中去，其价格多少应视改机后该品种生产时间长短而定。

(5) 外部加工费。经、纬原料的浆丝、染丝、漂白、上蜡等均属外部加工，其费用计入外部加工费。

(二) 坯绸出厂价格

$$\text{坯绸出厂价格（元/百米）}=\frac{\text{原料成本（元/百米）}\times(1+\text{原料成本利润率})+\text{工费成本（元/百米）}\times(1+\text{工费成本利润率})}{1-\text{坯绸计价税率}}$$

坯绸出厂价格以元为单位，元以下四舍五入。

二、印染绸出厂价格的制订

印染绸出厂价格由中等成本、利润和税金组成。

(一) 中等成本

$$\text{中等成本}=\text{原坯成本}+\text{染化料成本}+\text{工费成本}$$

1. 原坯成本

$$\text{原坯成本（元/百米）}=\text{坯绸一等品出厂价（元/百米）}\times(1+\text{坯绸经营管理费})\times(1+\text{练、染、印绸用坯量})$$

练、染、印绸用坯量可用染整长度缩率替代。

2. 染化料成本

(1) 练白、染色绸。

$$\text{练白、染色绸染化料成本（元/百米）}=\text{百米坯绸净用丝量（kg/百米）}\times(1+\text{用坯量})\times\text{染化料成本单价（元/千克丝）}$$

百米坯绸净用丝量在3.5kg以下时，均按3.5kg计算。

(2) 印花绸染化料成本。印花绸染化料成本可按印花版套数、直印、吊印以及织物幅宽的不同分别统计测定。

3. 工费成本

印染绸工费成本（元/百米）依据织物幅宽、百米坯绸净用丝量、印花版套数等不同分别统计测定。

（二）印染出厂价格

$$印染绸出厂价格（元/百米）=\frac{中等成本（元/百米）\times(1+成本利润率)}{1-练染绸计价税率}+特殊工艺单价（元/百米）$$

三、说明

（1）本办法适用于桑丝、人丝、合纤品种。

（2）织染联合厂应按丝、坯绸、印染绸分别计价。

（3）出厂价格均为一等品价格，各等级差价为：一等 100%，二等 96%，三等 92%，等外 85%。

（4）计量及计价单位为：绸缎为百米，被面为百条；计算至最后一节，以元为单位，元以下四舍五入；用丝量（kg/百米）保留三位小数；工时（h/百米）保留两位小数。

参考文献

[1] 姚穆. 纺织材料学 [M]. 3 版. 北京：中国纺织出版社，2005.
[2] 黄柏龄，于新安. 机织生产技术 700 问 [M]. 北京：中国纺织出版社，2007.
[3] 于伟东. 纺织材料学 [M]. 北京：中国纺织出版社，2006.
[4] 过念薪. 织疵分析 [M]. 北京：中国纺织出版社，1997.
[5] 蒋耀兴，郭雅琳. 纺织品检验学 [M]. 北京：中国纺织出版社，2001.
[6] 郁崇文. 纺纱工艺设计与质量控制 [M]. 北京：中国纺织出版社，2005.

附录：常见问题答疑30例

【例1】生丝是怎样分级的？

生丝是由蚕茧经过缫丝加工而制成的。生丝的质量不仅与蚕茧的品种有关，而且和缫丝工艺、加工设备、操作技术都有直接的关系。生丝属高级纺织原料，我国生丝质量标准分十二个等级，即6A、5A、4A、3A、2A、A、B、C、D、E、F、G。6A级生丝品质最优，G级生丝品质最劣。

生丝的分级方法是，根据生丝的均匀、最低均匀、清洁、洁净四个项目的检验结果中最低一项成绩确定为该批生丝的基本等级。如果是3A及以上的生丝，除上述四个检验项目外，还要增加生丝的条份偏差、条份最大偏差两项检验项目，在六个检验项目中挑最低的一项成绩确定为该批生丝的基本等级。然后，再以拉力、整齐等辅助检验项目的评定成绩对照所定的基本等级判定是否需要降级，以确定生丝最后应属哪一级生丝。

生丝的分级给丝绸生产的优质优用、丝绸织物的优质优价提供了依据。

【例2】什么是厂丝、农工丝、土丝？

将桑蚕茧缫制成能供织绸用的生丝，需要有一定的机械设备，需要制订合理的缫制工艺。蚕茧质量、设备条件、缫制工艺不同，缫出的生丝质量也就大不相同。厂丝、农工丝、土丝都是由桑蚕茧缫制成的生丝，它们的区别是蚕茧质量、设备条件、缫制工艺不同。

厂丝是采用完善的机械设备和工艺缫制成的生丝。厂丝的品质一般较柔软洁净、条份均匀、糙结少、外表鲜亮、色光较好。用白茧缫制成的厂丝叫白厂丝；用黄茧缫制成的厂丝叫黄厂丝。厂丝按质量不同可分为12个等级，即6A、5A、4A、3A、2A、A、B、C、D、E、F、G。

农工丝是用比较简单的机械设备缫制成的生丝。农工丝的条份不如厂丝均匀，糙结较多。农工丝多是由公社、生产队办的小缫丝厂生产的。

土丝是用比较简陋的木制机械、人工手扯脚踏缫制成的生丝。一般采用未经烘焙过的鲜茧缫制。土丝的天然光泽富足，但条份均匀度差，糙结多，品质较厂丝、农工丝次。

在市场上见到的真丝织物，如素碧绉是全厂丝产品，夏凉纺是纯农工丝产品，绍纺全用土丝织成，又如杭罗有用全厂丝织成的、有用农工丝织成的、有用土丝织成的，还有经丝用厂丝、纬丝用农工丝织成的等。但绝大部分是厂丝产品。

【例 3】桑蚕丝和柞蚕丝在性质上有何区别？

桑蚕吐的丝和柞蚕吐的丝，在性质上有相同的地方，如都是由丝素和丝胶组成，丝胶包复着丝素等，也有很多差别。

（1）桑蚕丝较细，柞蚕丝较粗。

（2）桑蚕丝较柔软，柞蚕丝较硬，胶质较重。

（3）桑蚕丝多是白色，柞蚕丝多是土黄色。

（4）桑蚕丝的横断面形状近似正三角形和椭圆形，柞蚕丝的横断面形状近似钝角三角形，比较扁平。

（5）桑蚕丝内部虽然也有孔隙，但是与柞蚕丝的内部构造相比还是比较充实的，柞蚕丝的内部结构比较松虚，有很多毛细孔，微孔面积较大。

（6）柞蚕丝的强度、伸度，比桑蚕丝都稍大。

（7）桑蚕丝在水中的染色性能比柞蚕丝好，但柞蚕丝的吸湿性一般比桑蚕丝好。

（8）桑蚕丝在水湿状态下强度要下降约 17%，柞蚕丝在水湿状态下强度反而提高约 5%。

（9）对于抗日光性能，柞蚕丝也高于桑蚕丝，在日光照射下，桑蚕丝强度降低较快，柞蚕丝则较慢。

（10）对酸、碱及化学药品的抵抗能力，桑蚕丝比柞蚕丝弱。

【例 4】什么是绢丝？什么是䌷丝？

绢丝是绢纺丝的简称，是用较短的丝纤维——主要是下脚茧丝、废茧丝、缫丝等加工的废丝作原料，经过纺丝工程（主要是精炼、梳棉、粗纺、精纺四个工序，俗称绢纺）纺制出外观结构与棉纱线相似具有捻度的丝线。绢丝主要有桑蚕绢丝和柞蚕绢丝两种。

绢纺丝虽然所用原料都是不易缫丝的废茧、废丝，这些原料在品质上却有较大差别，贯彻优质优用，通常把其中丝纤维较长（纤维切断长度为 80～150mm）、强度较好的用来纺制品质优良的高支绢丝，织制高级的绢丝绸缎；而把丝纤维长度较短以及纺制高支绢丝时剔下的较短纤维（但长度需在 40mm 以上），用来纺制中、低支绢丝。

䌷丝是采用绢纺工程所剔除的废丝以及品质很次的丝纤维作原料，其丝纤维长度一般在 40mm 以下，品质很差，用这种原料纺制出的丝线——即䌷丝，一般都较粗，用于织制低档丝绸。

【例 5】金银丝线的种类和性质有哪些？

无论名贵的古代丝绸织品，还是华丽的现代丝绸织品，有很多品种中使用了金丝线或银丝线。呢绒品种、纯化纤品种、棉布品种中，也有用金丝线或银丝线作嵌线的。我国生产金银丝线历史悠久，生产的品种很多，按照金银丝线所用的原料分为以下五类。

（1）纯金银丝线。纯金银丝线是用纯金或纯银经过抽丝加工等工艺制成的。纯金银丝线，色光肥润闪亮，表面光滑晶莹，不易生锈，耐气候性强，质地较硬，价格昂贵。在封建社会，纯金银丝线主要用在皇贵们的衣饰和装饰品中，现在主要用在特种装饰品和特种工艺品中。

（2）真金（银）和棉纱制成的金银丝线。将真金（银）经人工打击或机械轧延制成薄的金（银）片，切割成窄条（扁金丝），以棉纱作芯线，将金（银）窄条和棉纱加捻缠绕成金（银）丝线。

真金（银）和棉制成的金银丝线，色光肥润晶莹，表面有捻度，不易生锈，耐气候性强；金（银）扁丝和棉纱之间的抱合力差，经摩擦易发毛，价格也很贵。在封建社会真金（银）和棉制成的金银丝线主要用在大官们的礼服上，现在主要用在特种装饰品和特种工艺品中。

（3）铝箔和棉纱制成的金银丝线。将铝箔涂上金（银）颜色，并进行固色处理，切割成窄条（扁丝），以棉纱作芯线，将涂成金银颜色的铝箔扁丝和棉纱加捻制成金银丝线。

这种金银丝线，色光柔和，表面较粗糙，经摩擦易发毛，日久变暗发旧，但价格较低。铝箔棉纱制成的金银丝主要用在仿古复古的一些纺织品和戏装中。

（4）铝皮制成的金银扁丝。将铝皮（不氧化的铝）涂上金（银）色颜料，再轧上树脂薄膜，切割成金银扁丝。这种金银扁丝，色光柔和，扁平光滑，耐腐蚀性较好，耐气候性一般，价格较低。铝皮制成的金银扁线是目前服用纺织品中应用较多的一种。

（5）聚酯（涤纶）薄膜制成的金银扁丝。将聚酯（涤纶）树脂熔融后制成薄膜。在高温真空条件下，往聚酯薄膜上镀铝。然后涂上金（银）色颜料，再轧上一层树脂薄膜，经切割制成金（银）扁丝。

聚酯薄膜制成的金银扁丝，也叫涤纶金（扁）丝、涤纶银（扁）丝、涤纶金银（扁）丝（一面是金色，一面是银色）。这种金银扁丝，色光明亮，扁平光滑，耐气候性较好，价格较低。聚酯薄膜制成的金银扁丝是目前服用纺织品中应用最多的一类。

金色和银色属金属色泽，它有最好的配色性能，几乎可以和任何色泽搭配都能产生协调而强烈的效果。所以，金色丝线和银色丝线无论用在哪类织物中，如用量较大，都能使布面生辉，如作为嵌线，则有画龙点睛的作用。铝皮和聚酯薄膜制成的金银扁丝，由于色光好，耐洗涤、耐熨烫性能较好，强度较高，价格较低，正日益被广泛用在丝绸织品、呢绒织品、中长纤维织品和棉织品中。

【例6】呢绒常用哪些染料？它们的主要优缺点是什么？

呢绒商品的花色品种多，所用的纤维原料种类有羊毛、黏胶、涤纶、锦纶、腈纶、棉花等，所以采用染料的种类也较多，呢绒产品常用的染料主要有以下几种。

（1）酸性染料。酸性染料适宜染羊毛、蚕丝和锦纶。对棉花和黏胶等纤维素纤维没有亲和力，即不上染。酸性染料，品种多，色谱齐全，色泽鲜艳，上染性能和染色牢度因染料结构不同而有较大的差异。如强酸浴酸性染料，色泽鲜艳，价格较低，耐日晒色牢度尚好（但部分艳绿、树脂红、青莲等色的耐日晒色牢度很差），湿处理牢度差；弱酸性染料，色泽鲜艳，耐日晒、汗渍、皂洗色牢度较好，但耐煮色牢度较差；中性浴酸性染料，染色牢度较好，但匀染性差，易染色不匀。

（2）酸性媒介染料。酸性媒介染料适宜染羊毛和锦纶。酸性媒介染料，耐日晒、皂洗、摩擦色牢度较好，色谱齐全，匀染性好，适用于色牢度要求高的产品，但色光不够鲜艳。

（3）金属络合染料。金属络合染料分酸性络合染料和中性络合染料。酸性络合染料，适宜染羊毛，染法简单方便，染色牢度较好，但被染织物手感较糙，对织物质地有影响。中性络合染料，适宜染羊毛、锦纶，染法简单方便，各项染色牢度较好，手感柔软，但匀染性差，色泽鲜艳度不理想。

（4）分散性染料。分散性染料一般不溶于水，需用高温高压等染色方法染色，如常温染，需加膨化剂，主要用于染涤纶，也可以染腈纶、锦纶、氯纶等。分散染料染涤纶，色泽鲜艳，耐日晒、皂洗、摩擦等项色牢度较好，但染色需要特种设备或特种染法。分散染料染其他合成纤维，色牢度较差。

（5）阳离子染料。阳离子染料主要染腈纶。阳离子染料染色方法简便，得色量高，色泽鲜艳，色牢度较好，但匀染性差。

（6）碱性染料。碱性染料用于染腈纶。碱性染料染深色时，色牢度好，成本低，但染中、浅色时，色牢度差，不及阳离子染料好。

（7）活性染料。活性染料主要用于染黏胶纤维，也可染羊毛、腈纶等纤维。活性染料染色方法简便，色谱齐全，色泽鲜艳，匀染性能好，耐摩擦、皂洗等色牢度好，适宜染中、浅色，但不适宜染深色，染深色浪费大、成本高、质量次。

（8）硫化染料。硫化染料主要用来染棉纱和黏胶纤维。硫化染料染法简便，价格较廉，耐皂洗色牢度较好，耐摩擦色牢度较差，色光不鲜艳，硫化黑有脆化现象。

（9）直接染料。直接染料可染棉、毛、丝、麻和锦纶等多种纤维，染法简单，价格低廉，色谱齐全，但染色牢度差，需要加固色剂提高色牢度。目前主要用于染丝和纤维。铜盐染料（直接染料中的一种），耐日晒、皂洗色牢度较一般直接染料好。

【例7】丝绸常用哪些染料？它们的主要优缺点是什么？

丝绸商品花色品种极为丰富，不仅组织规格多，而且花色繁多，所用的丝线原料种类也多，有真丝、人造丝（黏胶和醋纤）、涤纶、锦丝、棉纱、涤棉纱、人棉纱等多种，不同丝线原料的性能不一，所以采用染料的种类也较多，常用染料主要有以下几种。

（1）直接染料。直接染料可染各种丝线，在丝绸中主要用来染人造丝、人造棉丝纱和真丝。直接染料染法简便，色谱齐全，价格低廉，但色牢度差。为改善色牢度，一般都要染色后进行固色处理。

（2）酸性染料。酸性染料中的弱酸性染料是目前真丝织物和锦纶织物的主要染料。酸性染料色泽鲜艳，色谱齐全，色牢度较好，但湿处理牢度较差。

（3）中性染料。中性染料主要用来染真丝织物和锦纶织物的黑色、灰色等深色品种。中性染料染法简便，色牢度较好，但色谱不全、色光稍暗。

（4）分散性染料。主要用于染涤纶织物、涤纶丝和其他丝线的交织物、涤纶纤维和其他纤维的混纺织物中的涤纶。分散性染料染涤纶，色泽鲜艳，耐日晒、皂洗、摩擦等项色牢度较好，但染色需要特种设备或特种药剂。

（5）活性染料。活性染料主要用来染人造丝织物和真丝织物。活性染料染法简便，色谱齐全，色泽鲜艳，匀染性能好，耐摩擦、皂洗等色牢度较好，但某些品种耐日晒色牢度和耐气候色牢度较差。适宜染中、浅色，不适宜染深色。

（6）还原染料（士林）。主要用于套染涤棉交织物或涤棉混纺织物中的棉纤维。还原染料染色纤维色泽鲜艳，色牢度好，色谱齐全，但价格较贵，某些橙黄色有光脆现象。

（7）硫化染料。只用于套染涤棉交织物或涤棉混纺织物中的棉纤维。硫化染料染法简便，调节色泽容易，价格便宜，耐皂洗色牢度较好，但色光萎暗，硫化青有脆化现象。

【例8】棉布常用哪些染料？它们的主要优缺点是什么？

（1）直接染料。直接染料大多数是芳香族化合物的磺酸钠盐，可溶于水。在染色时，纤维素纤维分子与染料分子间形成氢键结合，直接固着于纤维上。直接染料分一般直接染料、直接耐晒染料、铜盐直接染料三类。一般直接染料的耐水洗、耐日晒色牢度均较差，染色后用固色剂处理。直接耐晒染料的耐日晒色牢度较好，染色后用固色剂Y处理，可提高耐水洗色牢度，用于棉、黏纤（富纤）织物的染色。铜盐直接染料是一类能与离子螯合的直接染料，染色后用铜盐处理，其耐日晒、耐皂洗色牢度比一般直接染料优良。用于棉、棉维混纺织物的染色，但色泽较暗。

（2）活性染料。活性染料是由染料母体、反应性基团和桥基三部分组成。染料母体有偶氮、蒽醌、酞菁结构等。反应性基团最常见的有氯代均三嗪（X型和K型）、乙烯砜硫酸酯（KN型）和双反应性基团（M型），还有氯代嘧淀、氟代嘧啶型等。活性染料可染棉、黏纤（富纤）、蚕丝、羊毛、锦纶等纤维。

（3）还原染料。还原染料主要有蒽醌型和硫靛型两种结构。它不溶于水而溶于碱性还原液，成隐色体钠盐而上染于纤维，经氧化后回复为不溶性的染料而固着，常用以染制对耐日晒、耐水洗色牢度有较高要求的织物。还原染料除染棉外，也可以染棉维混纺布，同时部分还原染料经选择后可单染涤纶。

（4）可溶性还原染料。可溶性还原染料系还原染料隐色体的硫酸酯钠（钾）盐。这类染料能溶于水，经显色后，可得与还原染料相近的牢度。色泽鲜艳，色谱尚全，匀染性良好，但价格较贵，提升率不高，只宜用于染中、浅色。可染棉、黏纤、维纶、涤纶等纤维。

（5）硫化还原染料。硫化还原染料（即海昌染料）的性质及染色牢度等，介于还原染料和硫化染料之间。该类染料主要为深蓝色，也有草绿色、黑色等。一般用于染棉布等。

（6）硫化染料。硫化染料不溶于水，能溶于硫化碱溶液或隐色体而上染于纤维，经氧化后回复成不溶性色素而固着纤维。色谱除红、紫外，大部分齐全，一般色光均不很鲜艳。但价格低廉，牢度除硫化黑及部分蓝色较好外，其他色泽均较差。棉布中如灯芯绒、细布以及黏纤布与棉维（黏维）混纺布一般以染蓝、灰、黑居多。

（7）酞菁蓝。酞菁艳蓝IF_3G系异吲哚啉的游离碱（如是硝酸盐时则需加碱），在高沸点溶剂中高温缩聚环化，并与铜、镍等金属络合，最后在纤维中生成不溶性的色淀。酞菁蓝色泽鲜艳纯正，各项牢度指标都很优良。主要用于轧染棉布。

（8）苯胺黑。苯胺黑可称尼林黑，也称精元，是苯胺在酸性介质中缩聚的产物。色泽乌黑，除泛绿外，一般牢度良好，成本低廉。适用于染制多种不同用途的纤维素纤维织物。

（9）中性染料。中性染料是2分子染料与1原子金属（铬或钴等）络合而成的染料。它能在中性或接近中性（弱酸或弱碱性）的染浴中染羊毛、蚕丝、锦纶等纤维。对纤维素纤维（如棉、黏纤）无染着力。目前用于棉（黏）维混纺。

（10）分散染料。分散染料的化学结构主要有偶氮和蒽醌两大类。它是一种不含有水溶性磺酸基团的疏水性较强的非离子性染料。具有较好的匀染性和染色牢度，特别是耐晒、耐气候、耐热压升华牢度好。适用于涤纶染色。

（11）阳离子染料。阳离子染料是在原有的碱性染料（即盐基性染料）基础上为了适应聚丙烯腈——腈纶染色的需要而发展起来的新染料。

【例 9】什么是经纱伸长率？

单纱按 1.2%计算（其中络筒、整经按 0.5%，浆纱按 0.7%），股线按 0.3%计算。用直接纬纱，无络纬伸长率；用间接纬纱，络纬伸长率较小，也忽略不计。

【例 10】什么是自然缩率及放码损失率？

坯布折页成包，存放一定时间后，其每页长度会较原成包时有所缩短。其缩短的长度占原成包长度的百分率，即为自然缩率。因此，在成包时的每页布长，应以规定长度除以该品种的“1-自然缩率”计算。如规定每折页布长 1m，该产品自然率为 0.5%，则在码布机上每折页长度应为$\frac{1\text{m}}{1-0.50\%}=1.005\text{m}$，才能保证储存一定时间后，它的每页长度不少于 1m。

每匹布折页后的两端各加入一定长度，目前规定不足 10cm 者，不计长度，此外，布段中间如有严重疵点，作假剪处理，即不剪断，但须扣除疵点布段长度外，再加入每处 10cm。这两项放码损失的布长，占全段布长的百分率，称为放码损失率。

【例 11】什么是织缩率？

在织机上，经纱曲折穿绕于纬纱上下，纬纱也曲折穿绕于经纱上下，以致织成布后经、纬纱的长度都要缩短。缩短的百分率，经纱称作经织缩率，纬纱称作纬织缩率。

随经纱和纬纱的支数和捻度、织物的组织和密度、织机装置和车间温湿度情况等不同，织缩率的大小有所不同。

【例 12】经织缩率如何计算？

“经织缩率$=\left(\frac{经密}{2}+纬密\right)\times$(经支+纬支）分挡系数”的说明。

经织缩率的大小，受如下三个因素影响。

（1）经纱与纬纱交叉次数（即弯曲次数）影响。次数越多，缩率越大；反之亦然。此因素是在分挡系数中按布别划类给予解决。

（2）曲峰高低影响。纱粗直径大、曲峰高，缩率大；反之小。此因素在分挡系数中按“经支+纬支”给予解决。

（3）单根经、纬纱张力大小相互影响。张力大缩率小，张力小缩率大。经密高，则单根张力小，缩率大，反之，则张力大，缩率小。据经验统计，纬密张力造成的影响大于经密张力造成的影响。此因素在公式中以“$\frac{经密}{2}$+纬密”予以调节。

【例13】筘号和筘幅如何计算？

（1）筘号是钢筘筘齿的密度，分公制和英制两种。

①公制筘号是以10cm筘面长度内的筘齿数表示。例：某钢筘10cm筘面长度内有90根筘齿者，即为公制90号筘。

②英制筘号是以2英寸筘面长度内的筘齿数表示。例：某钢筘2英寸筘面长度内有50根筘齿者，即为英制50号筘。

（2）织轴的总经根数，按照规定的穿筘办法，全部穿入钢筘内所占用的筘面长度称为筘幅。

（3）筘幅计算。技术部门一般按如下两个公式计算。

$$筘幅=\frac{布幅宽}{1-纬织缩率} \tag{1}$$

$$筘幅=\frac{总经根数-边根数筘号\times\left(1-\frac{地组织每筘穿入根数}{边组织每筘穿入根数}\right)}{筘号\times地组织每筘穿入根数}\times2 \tag{2}$$

（4）筘号计算。

$$筘号=\frac{(经密-1)\times0.95\times2}{地组织每筘穿入经纱根数}$$

规定府绸织物或经密100根/英寸计算，“0.95”是“1-假定纬织缩率5%”。但各织物的纬织缩率并不相等，而是受经密高低和经纬向紧度比影响。所以本式中采用经验统计数“经密-1”和府绸织物的经密在100根/英寸及以上的其他织物另加2号筘的办法予以调正，使其符合经密度和经向紧度比大的织物，纬织缩率小的规律。

【例14】原色布的品种如何分类？

原色布以织物组织为依据，对于组织相同的织物则以织物总紧度、经纬向紧度及其比例分类。原色棉布一般分为平布、府绸、斜纹、哔叽、华达呢、卡其、直贡、横贡、麻纱、绒布坯等，其分类见附表1。

附表 1　原色棉布分类

<table>
<tr><th rowspan="2">分类名称</th><th rowspan="2">布面风格</th><th rowspan="2">织物组织</th><th colspan="5">结构特征</th><th rowspan="2">编号范围</th></tr>
<tr><th colspan="2">总紧度（%）</th><th>经向紧度（%）</th><th>纬向紧度（%）</th><th>经纬向紧度比例</th></tr>
<tr><td>平布</td><td>经纬向密度比较接近，布面平整</td><td>$\frac{1}{1}$</td><td colspan="2">60~80</td><td>35~60</td><td>35~60</td><td>≈1∶1</td><td>100~199</td></tr>
<tr><td>府绸</td><td>高经密，低纬密，布面经纱浮点呈颗粒状</td><td>$\frac{1}{1}$</td><td colspan="2">75~90</td><td>61~80</td><td>35~50</td><td>≈5∶3</td><td>200~299</td></tr>
<tr><td>斜纹</td><td>布面呈斜纹，纹路较细</td><td>$\frac{2}{2}$</td><td colspan="2">75~90</td><td>60~80</td><td>40~55</td><td>≈3∶2</td><td>400~499</td></tr>
<tr><td rowspan="2">哔叽</td><td rowspan="2">经、纬纱紧度比较接近，总紧度小于华达呢，斜纹纹路接近 45°，质地柔软</td><td rowspan="2">$\frac{2}{2}$</td><td>纱</td><td>85 以下</td><td rowspan="2">55~70</td><td rowspan="2">45~55</td><td rowspan="2">≈6∶5</td><td rowspan="2">500~599</td></tr>
<tr><td>线</td><td>90 以下</td></tr>
<tr><td rowspan="2">华达呢</td><td rowspan="2">高经密，低纬密，总紧度大于哔叽，小于卡其，质地厚实，而不硬，斜纹纹路接近 63°</td><td rowspan="2">$\frac{3}{1}$</td><td>纱</td><td>85~90</td><td rowspan="2">75~95</td><td rowspan="2">45~55</td><td rowspan="2">≈2∶1</td><td rowspan="2">600~699</td></tr>
<tr><td>线</td><td>90~97</td></tr>
<tr><td rowspan="2">卡其</td><td rowspan="2">高经密，低纬密，总紧度大于华达呢，布身硬挺厚实，单面卡斜纹纹路粗壮而明显</td><td rowspan="2">$\frac{2}{2}$</td><td>纱</td><td>90 以上</td><td rowspan="2">80~110</td><td rowspan="2">45~60</td><td rowspan="2">≈2∶1</td><td rowspan="2">900~999</td></tr>
<tr><td>线</td><td>97 以上（10tex×2 及以上为 95 以上）</td></tr>
<tr><td>直贡</td><td>高经密织物，布身厚实或柔软，布面平滑匀整</td><td>$\frac{5\ \ 5}{3\ \ 2}$ 经面缎纹</td><td colspan="2">80 以上</td><td>65~100</td><td>45~55</td><td>≈3∶2</td><td>700~799</td></tr>
<tr><td>横贡</td><td>高纬密织物，布身柔软，光滑似绸</td><td>$\frac{5\ \ 5}{3\ \ 2}$ 纬面缎纹</td><td colspan="2">80 以上</td><td>45~55</td><td>65~80</td><td>≈2∶3</td><td>700~799</td></tr>
<tr><td>麻纱</td><td>布面呈挺直条纹路，布身爽挺似麻</td><td>$\frac{2}{1}$ 纬重平</td><td colspan="2">60 以上</td><td>40~55</td><td>45~55</td><td>≈1∶1</td><td>800~899</td></tr>
</table>

续表

分类名称	布面风格	织物组织	结构特征				编号范围
			总紧度（%）	经向紧度（%）	纬向紧度（%）	经纬向紧度比例	
绒布坯	经纬号数差异大，纬纱捻度小，质地松软	平纹、斜纹组织	60~85	30~50	40~70	≈2∶3	900~999

注 （1）织物按织物组织、经纬纱特数、密度进行编号。经纬纱号数、密度相同而幅宽不同的织物，属同一编号。可在编号后括号内注明幅宽，以资区别。

（2）织物的紧度按下式计算：

$$E_Z = E_r + E_w \frac{E_r \times E_w}{100}$$

$$E_j = 0.037 \times \sqrt{T_{tj} \times P_r}$$

$$E_w = 0.037 \times \sqrt{T_{tw} \times P_w}$$

式中：E_z——织物的总紧度；

E_j——织物的经向紧度；

E_w——织物的纬向紧度；

P_j——织物的经纱密度，根/10cm；

P_w——织物的纬纱密度，根/10cm；

T_{tj}——经纱线密度，tex；

T_{tw}——纬纱线密度，tex；

0.037——织物纱数线直径系数。

织物经、纬向紧度和总紧度计算取一位小数，经、纬向紧度在取值时，四舍五入取整数。

【例15】呢绒是怎样分类的？

呢绒商品的分类和其他纺织商品分类的依据一样，商业分类法主要是依据有关商品的特点。呢绒商品是根据呢绒加工特点和呢绒外观特点进行分类的，分为精纺呢绒、粗纺呢绒、长毛绒和驼绒。

经过精梳毛纺织工程，制造出的毛纺织品，统称为精纺呢绒（或叫精梳呢绒）。常见品种如华达呢、哔叽、啥味呢、凡立丁、派力司、女式呢、花呢等。

经过粗梳毛纺织工程，制造出的毛纺织品，统称为粗纺呢绒（或叫粗梳呢绒）。常见品种如制服呢、海军呢、麦尔登、女式呢、法兰绒、大衣呢等。

长毛绒织品是棉布底上耸立着由毛纱形成的长长的毛绒的织物。常见品种如衣面长毛绒、衣里长毛绒、沙发绒等。

驼绒织品是棉布底上编结着由毛纱形成的毛绒的织物，但是它是由针织机（圆机或平机）编织成的。常见品种有素驼绒、花驼绒、条子驼绒等。

【例 16】精纺呢绒的产品特征是什么？它有哪些品种？

精纺呢绒是经过精纺工艺加工的呢绒产品的总称。精纺呢绒是呢绒商品中最重要的一大类，生产量最大、品种最多。

精纺呢绒是比较高档的产品，一般选用的原料品质也比较高，羊毛长度在55mm以上，用于精纺品种的各种毛型化学纤维的长度多在70~105mm；所用纤维的细度一般较细，随织物要求不同而不同。

精纺呢绒所用经纬纱是经过精梳的毛纱线，一般支数较高，通常用纱多为合股线，在36/2~70/2公支，有的品种经纬纱高达100/2公支以上。

精纺呢绒加工过程比较长，工艺比较细。精梳工艺对纤维的梳理比较充分，纺制出的精梳毛纱，纤维整齐度高，毛纱的结构紧密、表面洁净、相对强度高。所以，用精梳毛纱织成的精纺呢绒织物表面洁净、质地匀称、色光优美、相对强度高。

精纺呢绒商品中的大多数品种，织物都是光面的，织纹清晰，色光柔美，手感滑、爽、挺、糯。只有啥味呢等少数几个品种，织物表面有短齐的绒毛，即属于毛面品种。

精纺呢绒商品中的大多数品种，重量较轻，只有华达呢、哔叽、贡呢、马裤呢等商品中的少数品种重量较重（但均不超过415g/m^2）。

精纺呢绒商品按照国家统一编号分类，分为八大类。

（1）哔叽类、啥味呢类。

（2）华达呢类。

（3）中厚花呢类（每平方米重量195~315g）。

（4）凡立丁、派力司类。

（5）女衣呢类。

（6）贡呢类（包括马裤呢、巧克丁、驼丝锦等）。

（7）薄型花呢类（每平方米重量在195g以下）。

（8）其他类（如旗纱、家具布、黑炭衬等）。

每一大类商品中又可分为多种，如哔叽类中可分为中哔叽、厚哔叽、薄哔叽；华达呢类中可分为双面华达呢、单面华达呢、缎背华达呢；薄型花呢中有毛涤花呢、黏涤花呢、三合一等。

按照精纺呢绒商品所用纤维原料分，有纯毛品种、混纺品种和化纤品种。

【例 17】哔叽的产品特征是什么？它有哪些品种？

毛纺的哔叽产品，一般是二上二下双面斜纹织物，也有用三上三下斜纹组织织成的哔叽，但数量很少。一般经纱和纬纱全用股线，所用原料较好，纱支规格在32/2～60/2 公支，多数产品在 45/2 公支左右。哔叽的经纱密度比纬纱密度大，纬纱密度与经纱密度之比为 0. 80～0. 90。哔叽呢面有明显的斜向纹路，纹道较粗，斜向纹路的倾斜角约 50°，相邻斜纹道间的距离较宽。哔叽呢面有光面和毛面两种。光面哔叽呢面纹路清晰、光洁平整；毛面哔叽，经过缩绒工艺，呢面起有短绒毛，但由于绒毛较短，呢面斜纹仍然明显可见。哔叽通常是白坯匹染，也有少数品种是条染，色泽以上黑色为主，色光浓艳柔和。哔叽织物手感丰厚而有弹性，不板不烂，质地坚牢、耐穿。

此外，按所用纤维原料分，有全毛哔叽和混纺哔叽，全毛哔叽又分国毛哔叽和外毛哔叽；混纺哔叽主要有毛涤混纺哔叽、毛黏混纺哔叽、毛黏锦混纺哔叽。按织物重量分，有薄哔叽（195g/m^2 以下）、中厚哔叽（195～315g/m^2）、厚哔叽（315g/m^2 以上），其中以 250～291g/m^2 的中厚哔叽在市场较为普遍。按色泽分，主要有蓝哔叽、灰哔叽、上青哔叽等。

【例 18】华达呢的产品特征是什么？它有哪些品种？

华达呢多数是二上二下斜纹织物，正反两面都有斜向纹路，织物正面是右上斜斜纹，斜纹路的倾斜角约 63°。华达呢的经纬纱一般是相同支数的合股线。经纱密度大，经纱密度几乎是纬纱密度的两倍。经纱密度在 400～700 根/10cm。由于经纱密度大，斜纹道间的距离较窄。华达呢的重量在 250～414g/m^2，以 250～312g/m^2 较为普遍。

华达呢一般是匹染产品，有时为了达到更高的色泽要求，个别华达呢产品也采用条染。华达呢的色泽以青和米色为主。色泽鲜艳、光泽柔和、美观大方。

华达呢呢面光洁、细密、平整，纹路清晰，挺直，丰富，手感滑挺、丰厚、有弹性，结实耐磨。但穿久后，摩擦多的部位（如臂部等处）易起亮光，影响美观。

华达呢的品种很多，按纹路分，有双面斜纹华达呢、单面三斜纹华达呢、（斜纹）缎背华达呢。按所用纤维原料分，有全毛华达呢、混纺华达呢、纯化纤华达呢。全毛华达呢中，分国毛华达呢、外毛华达呢。混纺华达呢有毛涤混纺华达呢、毛黏混纺华达呢、毛涤黏混纺华达呢、毛黏锦混纺华达呢。纯化纤华达呢，主要有黏锦混纺华达呢等。按花色分，有素色华达呢、花线华达呢、闪色华达呢。闪色华达呢的经纬纱染成不同的颜色，织成的呢面有闪色效应。

【例 19】毛华达呢和毛哔叽有什么区别？

毛华达呢和毛哔叽同是二上二下斜纹织物，所用原料、纱支也可以是相同的，它们的主要区别有以下五点。

（1）斜纹道的倾斜角不同。华达呢是63°左右，哔叽是50°左右。

（2）经纬纱密度的配置不同。华达呢的经纱密度与纬纱密度之比是1.75~1.96；哔叽的经纱密度与纬纱密度之比是1.11~1.25。

这说明，华达呢的经纱密度和纬纱密度相差比较大，经纱密度几乎是纬纱密度的两倍。而哔叽的经纱密度和纬纱密度配置得比较接近。

（3）斜纹纹道贡子不同。华达呢的斜纹纹道间的距离较窄，贡子比较突出、细洁；哔叽的斜纹纹道间的距离较宽，贡子比较平坦。

（4）呢面的露纬情况不同。华达呢的呢面主要显现的是经纱，纬纱的呢面隐约可见；哔叽的呢面上能清楚地看到纬纱与经纱的交织情况。

（5）手感不同。华达呢的手触感觉是挺括、滑爽、丰厚、有弹性、身骨感强；哔叽的手触感觉是平整、厚实、有弹性。

【例20】什么是生丝、熟丝、生货、熟货？

在谈丝绸产品时，经常遇到生丝、熟丝、生货、熟货的名词，比如生丝织造、熟丝织造、生货绸、熟货绸等。

生丝，是指数粒蚕茧通过缫丝加工、数根茧丝靠自身的丝胶黏合在一起而形成的复合丝。简单地说，数粒蚕茧经过缫丝加工，制成的复合丝就是生丝。被称为生丝，是因为它只经过缫丝，本身还带有天然的丝胶、保持着天然色泽，没有经过精练加工，还是生的。生丝具有较好的强力和弹性，具有天然的丝光，但不够洁净、丝质稍硬。

熟丝，是生丝经过精练加工，去除了丝胶、杂质和色素等，而形成的柔软光洁的丝。熟丝光泽润亮、手感柔软，但是强力和弹性低于相同线密度的生丝。

生丝和熟丝都可以用来织造绸缎。用生丝作经纬丝织造成的绸缎叫生货绸缎；用熟丝作经纬丝织造的绸缎叫熟货绸缎。简单地说，先织造，后进行练染的绸缎叫生货绸（如软缎被面、花软缎、乔其纱等）；先将经纬丝练染后，再进行织造叫熟货绸（如织锦缎、宋锦、真丝彩格纺等）。所以，生货（绸）、熟货（绸）主要是指丝织品的精练加工顺序不同。这里需要说明，由于工艺需要，往往生丝需要先浸泡，然后络、并、捻，也由于工艺要求，加捻后的丝要蒸，甚至要染色，再织造，但也叫生货。如乔其纱是生货绸，因经纬丝捻度很大，加捻后的并合丝必须蒸一定时间，使捻度稳定，还需要先用直接染料分别将S、Z两种捻向的丝染成两种颜色加以区别，便于排列两根S捻丝、两根Z捻丝，织完坯绸后，再将直接色退掉，最后染制出成品。

【例21】丝绸品种的经丝组合和纬丝组合怎样表示？

丝绸品种的经丝和纬丝，可以是一种、两种或多种的原料、纤度和色泽，各种丝线通常的表示式如下。

无捻单丝：1/旦数。

有捻单丝：1/旦数XT，其中T表示加捻，X表示捻度数。

并合丝：股数/旦数。

捻合丝线：股数/旦数XT。

捻丝并合：1/旦数XT×股数。

捻线并合：股数/旦数XT×股数。

两次复合捻线：（股数/旦数XT×股数）YT，其中Y表示捻度数。

为了具体地说明，特列举如下实例：

1/20/22旦——表示1根20~22旦的单丝不加捻。

1/20/22旦8T/S——表示1根20~22旦的单丝加捻，捻度是8r/cm，捻向是S捻（也称作右捻）。

2/20/22旦——表示2根20~22旦的单丝并合在一起，没有加捻。

2/20/22旦10T/Z——表示2根20~22旦的单丝并合在一起并加捻，捻度是10r/cm，捻向是Z捻（也称作左捻）。

2/20/22旦6T/S×2——表示2根20~22旦的单丝并合加捻，捻度是6r/cm，捻向是S捻，加捻后的2根线并合在一起。

（2/20/22旦6T/S×2）8T——表示1根并合复丝线是由2根20~22旦单丝加捻后并合，再加捻而制成。第一次并合加捻，捻度是6r/cm，捻向S；第二次并合加捻，捻度是8r/cm，捻向是Z（因第二次的捻向须与第一次捻向相反才能捻合在一起）。

织物的经丝、纬丝的组合表示，只需要在上述的表达形式前面（或后面）注明是经丝还是纬丝，是桑蚕丝还是柞蚕丝，是厂线还是土丝即可。

（1）电力纺。

经丝组合：3/20/22旦厂丝。

纬丝组合：4/20/22旦厂丝。

电力纺的经纬丝组合表示：电力纺的经丝是3根不加捻的20~22旦的并合厂丝；纬丝是4根不加捻的20~22旦的并合厂丝。

（2）乔其纱。

经丝组合：2/20/22旦厂丝30T二左二右。

纬丝组合：同经。

乔其纱的经纬纱组合表示：乔其纱的经丝和纬丝都是2根20~22旦的并合加捻丝，捻度很大，达30r/cm，捻向是2根左捻线与2根右捻线间隔排列。

（3）涤爽绸。

经丝组合：（40 英支涤棉纱+45 旦涤丝）4T，（68 旦涤丝 8T×2）6T。

纬丝组合：1/40 英支涤棉纱，2/68 旦涤丝。

涤爽绸的经纬丝组合表示：经丝和纬丝都由两种丝组成。经丝的两种丝，一种是 40 支涤棉纱和 45 旦涤纶丝的并合加捻线，捻度是 4r/cm；另一种是两根 68 旦涤纶丝的并合复捻线，第一次加捻的捻度是 8r/cm，第二次加捻的捻度 6r/cm。纬丝的两种丝，一种是 40 支涤棉纱；另一种是两根 68 旦涤纶并合丝。

【例 22】苎麻布的特点是什么？它有哪些品种？

苎麻布的产品特点，同其他纺织品一样，主要是由它的纤维性质和组织规格所决定的。苎麻纤维强韧、平直、吸湿性好、柔软性较差。苎麻布经常采用的织物组织是平纹、重平或平纹、重平组织上加上小提花组织以及其他比较简单的变化组织。通常用还原染料（士林和印地）染色。苎麻布的外观特点是：布面平整、紧密、挺实、滑爽、洁净，以浅杂色为主，色泽鲜艳。苎麻布的内在质量特点是：吸湿快、散热快、出汗不贴身、穿着舒适凉爽，色泽牢度好，结实耐穿用。苎麻布中，有的品种经摩擦后，布面容易发毛，影响美观和耐穿用性。洗涤苎麻布衣服不要强力搓洗，避免织物发毛。

我国苎麻布的生产有着悠久的历史，苎麻起源于我国，我国苎麻产量和质量都居世界第一位，外国称苎麻为“中国草”。目前，我国苎麻纺织品品种很多，在规格上，有中支纱织物、高支纱织物，有单幅织物、双幅织物。在组织上，有简单组织的，也有提花组织的。在花色上，有漂白的、染色的和印花的。在纤维原料上，有纯苎麻布，还有麻棉混纺布、涤麻混纺布、涤麻纱和涤棉纱交织布等麻化纤混纺交织布。在织物风格上，对麻纤维改性，与其他纤维混纺、交织，可制造出棉型苎麻布、丝型苎麻布、毛型苎麻布等。

由于苎麻布品种的发展，苎麻布不仅是夏令织物，而且也已成为其他季节的衣用织物。苎麻布除制作服装外，还可作为抽绣工艺品、底布、台布、窗帘等。

【例 23】亚麻布的特点是什么？它有哪些品种？

我国亚麻布，主要产于东北哈尔滨亚麻纺织厂。东北的亚麻纤维质地比较柔软坚韧，织成的亚麻布的特点是：平挺、光洁、平滑、吸湿好、散热快、穿着凉爽，织物多是平纹组织，结实耐用。

亚麻布的品种主要有本色的、漂白的和染色的，还有用棉纱作经纱，麻纱作纬纱交织成的棉纱和亚麻纱交织布。

本色亚麻布，具有亚麻的天然色素，强力高，适宜作工作服、外衣、衬衣、窗帘、沙发套及抽绣衣饰等。

亚麻漂白布，洁白平整，光泽柔和，可作服装、衬衣、衬裤、工作服、海军服、被单、台布、窗帘、沙发套等。

亚麻绿帆布，厚实坚牢，防水性能好，可作帐篷、炮衣、旅行袋等。

棉麻交织漂白布，质地坚牢，手感较柔软，滑爽洁白，适宜作衬衣裤、工作服、被单、台布、窗帘、沙发布等。

【例24】什么是稀密筘织物？

织物纬向一个完全组织内，每筘齿内穿入经纱根数不等，布面具有稀密条子的织物。

【例25】什么是毛巾线？

用两根及以上的纱线并成，其中一根有规律地起毛圈，外观如毛巾状的称毛巾线。

【例26】纯毛织品为何含有化学纤维？

一般纯毛织品所用纤维原料成分是100%的羊毛，即纯毛织品中，除羊毛纤维之外，没有别的纤维。但是，市场上一些纯毛织品却含有化学纤维是因为毛纺织厂在生产纯毛织物品种时，纺织加工不易操作，如织造时断头多，就混入少量强力大、耐磨性好的涤纶或锦纶，以使生产加工容易进行。由于混入的化学纤维数量小，织物整体仍具有纯毛织品的特征，所以仍叫纯毛织品。如果混入的化学纤维数量多，失去织物的纯毛风格，则不能叫纯毛织品。目前，市场上的一些纯毛纺织品中，主要含有少量的涤纶或锦纶，化学纤维的含量一般在8%及以下，最高不超过10%。化学纤维含量超过10%，应为混纺产品。即使掺入化学纤维成分小于8%的纯毛织品，如织物的纯毛织品风格受损较大，商业工作者仍可以提出改进意见。在回答消费者提问时，应如实说出其纯毛织品中含有化学纤维的名称和数量。

目前，几乎各纯毛织物大类品种中，都有含少量化学纤维的纯毛织品。这些产品的成本，在计算时是单独进行的，但在品名和销售时与纯毛织品相同。

【例27】什么是断丝？

一般用三根纱线并成，其中一根（一般为人丝）在并线过程中被拉断，在花线外观上形成一点一点雪花状的称断丝。

【例28】如何书写色织布的规格？

（1）色织布规格常用书写方法。幅宽与经纬纱支和经纬密度之间，以空格分开，经支与纬支及经密与纬密间均用“×”号隔离，“×”号左面为经纱，“×”号右面为纬纱。经支或纬支各自内部有两种及以上纱支者，均以“+”号连接。

如：36英寸　32/2×16　64×54

　　44英寸　32/2+42/2×16英支+29英支　64×54

（2）色织并花线常用书写方法。色织并花线一般用两根及以上的纱支组成。在两根纱支之间可用“/”表示。

如：32英支并32英支并花线，可写32/32。

32英支、42英支、32英支三股并花线，可写32/42/32。

21英支、120旦、32英支三股并毛巾线，可写21/120旦/32。

【例29】常用纤维细度的说明及其相互换算

（1）线密度（公制号数）。纱长1000m，称重为几克即是几号。它是以固定长度，称其重量定其号数，故称作定长制。在测试中可以称重直接读出号数，故又称直接指标。

如：纱长1000m，称其重量为28g，该纱即为28号。根据定义，测试号数可按下列公式计算：

$$号数=\frac{试样纱重（g）\times 1000（m）}{试样纱长（m）}$$

（2）公制支数。纱重1000g，测其长有几个1000m即是几支。它是以固定重量，测其长度定其支数，故称作定重制。在测试中必须经过计算定其支数，故又称间接指标。

如：纱重1000g测其长度为36km，该纱即为36公支，根据定义，测试公制支数可按下列公式计算：

$$公制支数=\frac{试样纱长（m）}{试样纱重（g）}$$

（3）英制支数。纱重1磅，测其长有几个840码即是几支。它也是定重制和间接指标。

如：纱重1磅测其长度为20个840码，该纱即为20英支。根据定义，测试英制支数可按下列公式计算：

$$英制支数=\frac{试样纱长（码）}{试样纱重（磅）\times 840（码）}$$

由于英制长度、重量都不是10进位，且两者进位不同，在实际测试中不可能取样纱1磅去测长。根据英制测试标准规定取样纱120码，称重单位为“格令”，因此测试英制支数公式简化为下式：

$$英制支数=\frac{试样纱长（码）}{试样纱重（码）\times 840（码）}$$

$$=\frac{试样纱长120（码）\times 7000（格令）}{试样纱重（格令）\times 840（码）}$$

$$=\frac{1000}{120\text{码纱长称得的重量（格令）}}$$

如：试样的纱长120码，称得重量为50格令，则求得其英制支数为$\frac{1000}{50}=20$英支。

（4）旦数（一般用于长丝，简称旦）。丝长9000m，称重几克即几旦。它是以固定长度，称其重量定其旦数，故称作定长制。

如：丝长9000m称其重量为1.5g，该丝即为1.5旦。根据定义，测试旦数可按下列公式计算：

$$\text{旦数}=\frac{\text{试样纱重（g）}}{\text{试样纱长（m）}}\times 9000\text{m}$$

（5）特数与英制支数换算。分为公英制回潮率相同与不同两类，换算公式如下。

①公英制回潮率相同时，换算公式如下：

$$\text{特数}=\frac{590.5}{\text{英制支数}}\quad\text{或}\quad\text{英制支数}=\frac{590.5}{\text{特数}}$$

②公英制回潮率不同时，换算公式如下：

$$\text{特数}=\frac{590.5}{\text{英制支数}}\times\frac{1+\text{公制回潮率}}{1+\text{英制回潮率}}$$

以纯棉公制回潮率8.5%、英制回潮率9.89%代入公式：

$$\text{纯棉纱特数}=\frac{590.5}{\text{英制支数}}\times\frac{1+8.5\%}{1+9.89\%}=\frac{590.5\times 0.9897}{\text{英制支数}}$$

$$=\frac{583.1}{\text{英制支数}}$$

或

$$\text{纯棉英制支数}=\frac{583.1}{\text{特数}}$$

以上两个换算公式中，“590.5”为纯化纤纱换算常数；“583.1”为纯绵纱换算常数。

③如遇棉与各类化纤混纺及其不同混纺比的换算常数，均以（b）中基本公式代入所求混纺产品的公英制回潮率计算之。

（6）特数与公制支数换算。

两者回潮率相同，换算常数为1000，换算公式如下：

$$\text{特数}=\frac{1000}{\text{公制支数}}\quad\text{或}\quad\text{公制支数}=\frac{1000}{\text{特数}}$$

（7）公制支数与英制支数换算。

分为公英制回潮率相同与不同两类，换算公式如下。

①公英制回潮率相同时，换算公式如下：

$$公制支数=英制支数\times 1.6933\ （纯化纤纱用的常数）$$

或　纯化纤纱英制支数=公制支数$\times\frac{1}{1.6933}$（或英制支数=公制支数×0.59056）

②公英制回潮率不同时，换算公式如下：

$$公制支数=英制支数\times 1.6933\div\frac{1+8.5\%}{1+9.89\%}=英制支数\times 1.715$$

或　纯棉纱英制纱支数=公制支数$\times\frac{1}{1.715}$（或英制支数=公制支数×0.5831）

上式中“1.715”及“0.5831”均为纯棉纱换算的专用常数。

③如遇棉与各类化纤混纺及其不同混纺比换算常数，均以（b）中基本公式代入所求混纺产品的公英制回潮率计算之。

（8）特数与旦数换算。特数为 g/km；旦数为 g/9km，所以两者换算常数为 9，换算公式如下：

$$特数=旦数\times\frac{1}{9}$$

或

$$旦数=特数\times 9$$

（9）公制支数与旦尼尔换算。公制支数为定重制（km/kg）；旦尼尔为定长制（g/9km），换算公式如下：

$$公制支数=\frac{9000}{旦数}\quad 或\quad 旦数=\frac{9000}{公制支数}$$

（10）英制支数与旦数换算。英制支数为定重制（840 码长/1 磅）；旦尼尔为定长制（g/9km），换算公式如下：

$$英制支数=\frac{5315}{旦数}\quad 或\quad 旦数=\frac{5315}{英制支数}$$

旦数与英制支数和特数及公制支数间的换算，都不受国家标准英制改公制回潮率变化影响，因纱线均不采用旦数来表示细度。

【例 30】什么叫结辫放尺？如何正确处理结辫放尺？

呢绒产品在制造过程中产生一些外观疵点，这些外观疵点基本上可以划分为两类，一类是散布性外观疵点；另一类是局部性外观疵点。散布性外观疵点影响服用面积大，毛织品质量标准规定，散布性疵点达到一定程度，全匹降等。局部性外观疵点影响服用面积小，毋需将全匹降等，所以，质量标准规定，对待局部性外观疵点，用结辫放尺的方法处理。可以说结辫放尺是维护消费者和国家利益的、处理呢绒产品上局部性外观疵点的一种方法。

“结辫”就是在呢绒的布边上结一根白线，表明织物此处有局部性外观疵点，应放尺处理。“放尺”表示结辫处 10cm 长度不计价，进行放尺处理。按照质量标准规定，“织品因局部性疵点结辫放尺时，应在疵点的左边扣上线标，并在右边上对准线标作一箭头，如附图 1（甲）所示。如疵点范围大于放尺范围时，则在右面织品边上针对疵点上下两端相对地画两个箭头。如附图 1（乙）所示。”

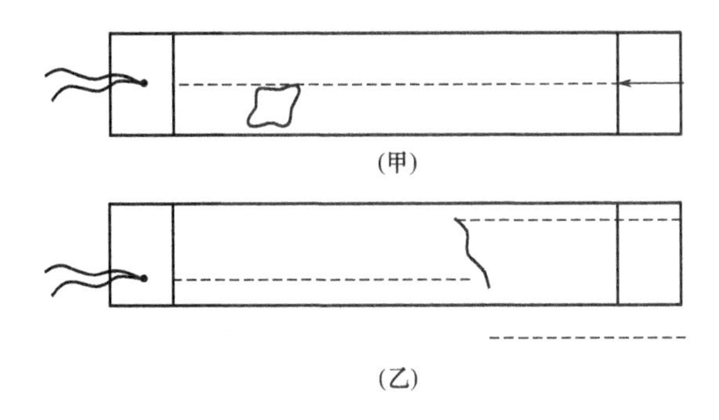

附图 1　结辫放尺的标示

结辫放尺的起点是工厂，终点是消费者。商业部门的任务是正确处理结辫放尺。工厂在结辫放尺方面做的不妥的地方或有差错，商业部门可以提出自己的意见，但对于有结辫的商品，商业部门不能任意摘除。工厂对商业结辫放尺，商业对消费者结辫放尺。

对于结辫放尺的商品，呢匹的长度是按扣除结辫数后的净长计算的，结价长度必须扣除结辫放尺数量。如某商店购进全毛华达呢两匹共 70m，内有结辫 10 个，实际长度应为 71m。某消费者到该商店买全毛华达呢 2. 2m，内有结辫 2 个，商店对该消费者的结价长度应为 2m。

对于疵点面积较大的结辫，放尺数量按消费者购去疵点长度——织品右边上下两端箭头间表示的长度的比例数计算，购去 1/2 长度的疵点，就放尺结辫数的一半；如购去 1/3 长度的疵点，就放尺结辫数的 1/3，依此类推。

在消费者遇到结辫放尺呢匹时，及时讲清结辫放尺精神，并将疵点部位指给消费者看，待消费者同意后再开剪。消费者不能拿结辫放尺商品进行索赔。

另外，不是所有局部性外观疵点都进行结辫放尺处理，也不是各种等级品的局部性外观疵点都进行结辫放尺处理，如等外品上的局部性外观疵点都不进行结辫放尺处理。